ドッグトレーニング バイブル

How To Teach A New Dog Old Tricks

イアン・ダンバー 著
Dr.Ian Dunbar

辻村 愛 監修
橋根理恵／松尾千彰／西村麻実 訳

レッドハート

学生時代の英語の先生、ミスター・ジョーンズに。
先生はこう言って私を励ましてくれた。
「ダンバーくん、君にはものは書けない。
これまでも書けなかったし、
まあ、これからも無理だよ！」

それから父と母に。
両親はそれでも希望を捨てず、
私に辞書と類語辞典を贈ってくれた。

ありがとう！

日本語版に寄せて

　この度、『How To Teach A New Dog Old Tricks』の日本語版が出版されるとのことで、著者としてこの上ない喜びを感じています。これまで数多くの本を書いてきましたが、これは私自身とくに気に入っている本なのです。

　嬉しいことに、多くのドッグトレーナーが、この本をルアー・ごほうびトレーニングの教科書と考えてくださっています。家庭犬のトレーニング解説書として、これほど包括的なものは他にあまりないはずです。ルアーとごほうびの使い方について、基本的なしつけの面はもちろん、社会化、気質トレーニング、行動修正のすべての面にわたってここで解説しました。

　ルアー・ごほうびトレーニングは、私たちがイヌに何をしてもらいたいかを、いちばん手っ取り早く教えられる技法です。もっと言えば、私たちがしてもらいたいことを、イヌがしたくなるように教えることができるのです。イヌが私たちの指示に従う価値を学習し、自ら喜んで確実に反応を返せるようになったら、その時点からルアーやごほうびは徐々に使わないようにしていきます。

　この10年、残念ながらルアー・ごほうびトレーニングの人気は衰え、イヌをコントロールする用具を使う管理型のトレーニング技法がトレンドになっています。リードやホルター、ハーネス、クリッカー、トリーツといったトレーニング用具は、使用を徐々に減らしていくため

ドッグトレーニングバイブル

の基準がなく、そのため、確実な反応を得ようと思ったら、ずっと使い続けるしかありません。

　しかし、そうした用具をいつまでも使い続けるのではなく、言葉でイヌの行動を確実にコントロールしたいと考えるトレーナーや飼い主のおかげで、このところルアー・ごほうびトレーニングが、急激に盛り返してきています。ですから、この日本語版は、とても良いタイミングで出版されると言えましょう。

　私はこの本を楽しんで書きました。日本の読者のみなさんにも、楽しんでお読みいただければ幸いです。

2007年7月
カリフォルニア州バークレーにて
イアン・ダンバー

Contents

　　　　日本語版に寄せて　/4

序　章　博士とイヌの会話　/10
　　　　シリウス・トレーニング・プログラム　/13
　　　　はじめに　/16

第1章　**気質トレーニング　/33**
　　　　ローバーの悲劇　/34
　　　　咬みつきの予防　/41
　　　　社会化　/42
　　　　ハンドリングとジェントリング　/44
　　　　咬みつきの抑制　/46
　　　　ものを守る　/53
　　　　人間と子イヌのパピーパーティー　/57
　　　　子イヌ同士のパピーパーティー　/65

第2章　**行動の修正　/67**
　　　　マックスの悲劇　/68
　　　　排泄のしつけ　/75
　　　　噛む　/82
　　　　掘る　/87
　　　　吠える　/89
　　　　飛びつく　/93

第3章　**オビーディエンス・トレーニング　/103**
　　　　ベイリーの悲劇　第1幕　/104
　　　　オスワリ、フセ、タテ　/107
　　　　ルアーとごほうびをなくしていく　/113

「オフ」「取れ」「ありがとう」 /120
マテ /127
ツイテコイ /135
こっちにおいで /138
オイデーオスワリ /143
リードを付けないツケ /147
リードを付けて歩く /154
リードを付けてのツケ /159
呼んでも来ないとき /163
生活のなかのごほうび /173
芸について /178

第4章 トレーニングの理論
――なぜこの方法がうまくいくのか /195
行動の頻度を高める /197
刺激によるコントロール /197
正しい反応を誘導する /198
行動の頻度を下げる /201
二択フィードバック /201
ごほうびと罰の基準 /208

第5章 健康管理 /221
予防注射 /223
栄養 /224
グルーミングと身体検査 /226
ノミ対策 /228
去勢と不妊処置 /229

参考図書・推薦ビデオ /235　　索引 /238

オマハとダンバー博士

序章

博士とイヌの会話

(「博士」は獣医師のイアン・ダンバー、「オマハ」は博士の愛犬で、オマハ・ビーグルという名前のアラスカン・マラミュート)

博士: どうしてイヌはいたずらをするのかな?

オマハ: は? いたずら? ボクたちイヌは、すごく模範的に行動しているつもりなんだけどね。

博士: そうか、言い直そう。私たち人間は、イヌがいたずらをすると思ってる。じゃあ、もうちょっと細かく聞こうか。どうしてイヌはいろいろ追いかけたり、噛んだり、穴を掘ったり、歯をむき出してうなったり、空咬みしたり、吠えたり、咬みついたりするんだろう?

オマハ: 基本的には、それはボクたちがイヌだからだと思うね。だって、ボクたちが空を飛んだり、クロスワードを解いたり、骨を冷蔵庫に入れたり、モーとかニャーとか鳴いたり、弁護士を雇って裁判をおこしたりしたら、博士だってびっくりするだろ?

博士: 分かった分かった。つまりイヌがすることは全部、イヌとして自然な行動で、ごく当たり前の、しなければならないことなんだ。だから、行動自体が異常なわけじゃなくて、ただ家のなかでするのは適切じゃないだけなんだね。

オマハ: うん、そうとも言えるし、そうでないとも言える。見方しだいだと思うね。ボクたちイヌが、自分の行動が不適切だと思ってるとは限らないし。ニューヨークで暮らしてる友だちなんて、フカフカのカーペットが家のなかでいちばんのトイレだと思ってるよ。そこでオシッコをするのがサイコーなんだ

	って。ジャック・ラッセルのじいさんは、耕したばっかりの花壇が、穴掘りには理想的な土質なんだって、嬉しそうに話してたしね。
博士：	そうか。間違っていたらそう言ってほしいんだが……つまり君が言いたいのは、イヌの行動は完全に正常で自然だと……。
オマハ：	それに必要なんだ！
博士：	それに野生の環境では必要な行動だと……。
オマハ：	家でも！
博士：	……家でも必要な行動だ、と。
オマハ：	だから、そうされて困るんなら、代わりにどうしたらいいのか、指示してもらわないといけないんだ。そうでないと……。
博士：	そうでないと？
オマハ：	……そうでないと、どうしても勝手なことをして、時間をつぶす「作業療法」を考えるしかなくなるのさ。
博士：	それが「いたずら」ってことになるんだね？
オマハ：	その通り！　それで、ルールを破ったと言って罰を受ける。そんなルールがあることさえ知らないのに。
博士：	フェアじゃないね。
オマハ：	ま、嬉しくはないね。（マラミュートという犬種は、辛口な皮肉を遠まわしに表現することで知られている）
博士：	ふーむ。君たちは、悪いことをした覚えはないと、ご主人に説明しようと思わないのかい？
オマハ：	もちろん、ご主人が帰ってくるたびにするさ。
博士：	で？
オマハ：	玄関まで走って行って出迎えると、罰を受けるんだ。
博士：	それはたぶん、うるさくまとわりつかれて、前脚をかけられたり、なめられたり、飛びつかれたりするのが嫌なんじゃないかな。その代わりにオスワリをして……。

オマハ： なるほどね！ それは考えつかなかったな……。でも子どものころは、ボクたちが全身でじゃれると、ご主人は喜んだけどな。
博士： いや、私が言いたいのはね、オスワリをしてご主人とじっくり話をしたらどうかということなんだけど。
オマハ： ダメダメ、ご主人は話を聞かないよ。ボクたちがオスワリをしたらいつも、「ツケ、オスワリ、ツケ、オスワリ」って言い始めて、グルッと回ってもとのところに戻ってくる。意味分からないんだよ。
博士： お願いしてみたことは？
オマハ： いつでもやってるさ。でも、卑屈に振る舞うと必ず裏目に出るんだな。ボクたちがわざといたずらしているって、考えるみたい。だからまた罰が厳しくなる。
博士： 怒ったことは？
オマハ： 怒ったら、殺されちゃうよ。
博士： なんとまあ！ そんなに困っているペットたちのために、私に何かできることはあるかね。
オマハ： そうだな。手始めに、人間向けの子イヌのトレーニング・ガイドを出すなんてどう？
博士： 任せておいてくれ！

序章

シリウス・トレーニング・プログラム

　夜空で最も明るく輝く一等星シリウス。おおいぬ座に属するこの星は、英語でdog star（犬の星）とも呼ばれる。1980年に子イヌ向けのトレーニング・プログラムを開発したとき、私はこれにシリウス（SIRIUS）と名付けた。子イヌだけをターゲットにした、リードを使わない行動・気質・オビーディエンス・トレーニングとしては世界初のプログラムである。

　プログラム名の直接の由来となったのは、シリウスという名前のオスのビーグルだった。1970年代にはシリウスはまだ子イヌで、とても性格が悪くケンカ好きだった。母親のゼルダがダメ親で、自分の子どもたちに食べ物を分け与えることすらしなかった。子イヌ時代のシリウスの座右の銘は「できない奴は黙ってろ」。シリウスは3匹の兄弟たち──すべて雌──に対してもこのやり方を押し通し、容赦なくいじめた。当然のことながら、ほどなくシリウスの幼い心のなかには、「自分がいちばんだ」という考え方が芽生えた。

　シリウスが生まれてちょうど10週間経ったある晴れた日、ゼルダと子どもたちは、前に生まれた兄弟と12頭の成犬とともに遠出をした。シリウスは子イヌとしては巨大だった（のちにミシシッピ川以西で最大のビーグルとなった）が、この日を境にシリウスの立場は劇的に変わる──小さな池の大きな魚から、大きな池の小さな魚へと。シリウスは愚かにも、「犬類序列法・雌犬修正条項第一条：これは私のもので、あんたのじゃない」を無視してミミの食べ物を奪おうとしたのである。ミミはシリウスより数週間早く生まれただけだったが、はるかに大きく、また賢く、シリウスはみごとに鼻っ柱を折られてしまった。

　短気でたくましく世間知らずだったシリウスは、卑屈で控えめなただの世間知らずになった。比較的単純な社会的操作ひとつで、イヌの行動

13

やそのもととなる気質が、これほど急激に変化するということに、私は衝撃を受けた。そして私は、家庭犬にとって、気質の修正がキーポイントであるということに気づいたのである。

　カリフォルニア大学を卒業して、私は愛車の1965年型マスタング「ビッグ・レッド」でアメリカ本土の48州すべてを回り、それからカリフォルニアに戻って職探しを始めた。私の興味を満足させ、やる価値があり、動物に関係していて、何よりやっていて楽しい仕事というのが絶対条件だった。ちょうどそのころ、私はマラミュートの子イヌを飼い始めていた。オマハと名付けたこの子のトレーニングのために、北カリフォルニアのドッグトレーナー全員に電話してみたが、どこも生後6ヶ月齢になるまでは受け入れないとのことだった。そこで私は思いついた。シリウス・パピートレーニングだ！　オマハのために自分で教室を開こう。リードを使わず、ルアーとごほうびで子イヌをしつけるというアイディアは、けっして新しいものではない（実際はあまりに古いので、かえって新しいとも言える）。私が子どものころは、イヌはみな、そういうやり方

シリウス——小さな食器のなかの大きな魚

でしつけられていた。

　シリウス（SIRIUS）・パピークラスは1981年にカリフォルニア州オークランドの動物愛護協会で始まり、その後同州バークレーのライブ・オーク・パークに移って、現在もここで続けられている。今では北カリフォルニア、ハワイ、マンハッタンのあちこちでシリウスしつけ教室が開かれ、また、数多くのトレーナーがこの技法を採り入れ、それぞれに応用している。同様のトレーニング・プログラムは全米で、また海外でも実施されている。

私の父は1950年代に、このスプリンガースパニエルをルアー・ごほうびトレーニング法でしつけていた。

はじめに

　この本はもともと、シリウス（SIRIUS）・パピークラスとシリウス・ビデオ教材のために、付属の「パピートレーニング・ガイド」として書かれたものである（教室やビデオでは、子イヌにオイデ、オスワリ、ツケ、タテ、フセ、マテを教えている）。

　ルアー・ごほうび法は、本来、まだものも分からず、小さすぎて押したり引いたりして教えることもできない子イヌのための技法であるが、引き取ったばかりの成犬や、しつけられていない成犬に教える技法としても、非常に優れている。事実、これと同じ原理による方法で、成長したイヌに芸を教えたり、悪い癖がついてしまった成犬をしつけ直したり、よくしつけられた成犬にさらに別のコマンドを教えたり、といったことがよく行われているのである。

　すでに先住犬が家にいるのなら、どうかそのイヌも一緒にトレーニングしていただきたい。ルアー・ごほうび法は、誘導するのが難しい活発な小型犬でも、力づくで言うことを聞かせることができない大型犬でも、素晴らしく効き目がある。

　リードを使わないルアー・ごほうび法は、イヌが正しく反応するまでイヌの身体に触ることはまずない。したがって、人間の手は、正しく反応できた子イヌをなでてほめるものとなる。イヌが間違ったときに押したり引いたり、リードをグイッと引っ張ったり物理的に矯正するために手を使うことはない。そのため、イヌはすぐに人間とトレーニングに良い感情を抱くようになる。怖がりだったり攻撃的だったりと、気質に問題があるイヌをトレーニングするとき、ルアー・ごほうび法が主に用いられるのは、このためである。怖がりのイヌに、こちらから近づいたり、手を伸ばしたり、まして押したり引っ張ったりしてしまうと、もっと怖がりになって逃げ隠れするようになる。攻撃的なイヌに同じようにする

と、腹を立て、人間のほうが逃げ隠れする羽目になるかもしれない。

　世界中でさまざまな動物のトレーニングに、同様の方法がとられているのは偶然ではない。ハイイログマ、シャチ、猛禽類、ネコ科の猛獣（ライオンやトラ）、大学の研究室で飼われているラット、大学の学生、会社員、上司、子ども、夫……などがこの原理でしつけられている。トラを脅したり、プーマを押したり引っ張ったり、ライオンに無理やりオスワリさせたり、ハイイログマにリードを付けて急に引いたりしたらどうなるか。すぐにトレーニング法が適していないことに気づくだろう。

　イヌにとって、幼犬期が決定的に重要な時期であることに疑いの余地はない。この時期の体験はイヌにとって初めてのもので、そのイヌの将来の性格形成にきわめて大きな影響を及ぼす。だからこそ、この時期は、行動の発達を方向づける絶好の機会でもある。身についた悪習を消し去ろうと努力するよりも、最初から良い習慣を教え、性格上の問題が生じないようにするほうが、はるかに楽なのである。

　最も重要な時期が幼犬期だとして、次に重要な時期はいつかというと、今、この瞬間である！　良し悪しはともかく、過去に何があろうと、過ぎたことは過ぎたことである。幼犬期の早期トレーニングと社会化の恩恵にあずからずに育ったとしたら、それは実に残念なことだが、過去を嘆いても始まらない。そのようなイヌは、今すぐにトレーニングをして社会化させればよい。方法は同じである——ただ、時間が少し長くかかる。

　イヌはイヌである。適切な指示を与えて導いてやらないと、子イヌはイヌらしく振る舞うようになる。子イヌが若年期に達する早さに驚く飼い主が多いが、ぬいぐるみのようにかわいらしく、足元もおぼつかなかった子イヌも、ほんの3、4ヶ月すれば、ほぼ成犬と同じ大きさになり、強靱で活発な若年期のイヌへと変身を遂げるのである。コントロールの利かない若年期のイヌほど家のなかで扱いに困る存在はない。だから、今すぐにトレーニングを始めよう！

　どんなイヌでも、自動的に名犬ラッシーのように振る舞うようになる、

成犬に新しい芸を教えるためにも、ルアー・ごほうびトレーニング法。アシュビーが11歳で初めて受けたトレーニング。

と期待するのは夢の見すぎである。実際あの「ラッシー」も、高度なトレーニングを受けた何頭かのイヌが演じていた。イヌにどう振る舞ってもらいたいか、ルールや決まりがあるのなら、秘密にせずに子イヌに教えてやることである。そうしなければ、知りもしないルールを守れるはずもなく、イヌは必ず「過ち」を犯す。そして確実に罰を受けることになる。

　イヌを教育しよう。間違った振る舞いに罰を与えようなどと考える前に、まず最初から、どう振る舞ってもらいたいかをはっきりと示し、それができたら思いきりほめよう。イヌをイヌとして理解し、必要な手助

けをしてやれば、イヌと飼い主はこの上なく親密になれる。気だてがよく、きちんと振る舞うイヌは、飼っていて楽しい。しかし悪さばかりして気難しいイヌは、家族にとって、また友人や隣人にとっても悪夢である。とくに獣医師やトリマーは困り果てることになる。

　それに、その悪夢はふつうあまり長く続かない。というのは、行動や気質に問題を抱えるイヌは、一般に長く生きられないからである。咬みついたり、ケンカをしたり、家のなかのものを壊したりするイヌが長く飼われていることはめったにない。きちんとした教育を受けなかったことが、イヌに不幸をもたらすのである。それどころか、噛み癖や家のなかでの排泄など、よくあるごく単純な問題行動でさえ、死に至る病と変わらない結果を生みかねない。

　幼犬期に人間が適切に導いてやらないと、若年期から成犬へと育っていくあいだにさまざまな問題が起こる。問題は容易に予測がつくもので、以下の3つに分類できる。

取りくむべき問題

1. **気質問題**（攻撃性―人に咬みつく、人を怖がる、他のイヌとケンカする、他のイヌを怖がる、多動）
2. **問題行動**（家のなかを排泄物で汚す、ものを噛む、穴を掘る、吠える、人に飛びつく）
3. **オビーディエンスの問題**（リードを引っ張る、逃げ出す、呼んでもやって来ない）

　オビーディエンスのトレーニングは、イヌがいくつになってもできる（子イヌのトレーニング・ガイドだというのに、矛盾するようだが）。ただ、幼犬期のほうが簡単に早くできるというだけである。それに、子イ

ヌのときのトレーニングのほうがはるかに楽しい。

　リードを付けていない子イヌが、要求やハンドシグナルに懸命に応えてくれるのを見るとつい心を奪われてしまうが、オビーディエンスは子イヌのトレーニング・プログラムのなかでは3番目の目標にすぎないことを忘れてはいけない。気質のトレーニングと行動修正のほうが、ずっと重大な問題なのである。

　問題行動も、成犬になってからでも解決できるかもしれないが、歳がいけばいくほど成功の見込みは薄くなる。問題行動が習慣として固まってしまうと、まずその悪習を断ち切り、それから新たに良い習慣を教える必要があるからだ。単純に最初から良い習慣を教えるほうがずっと理に適っている。

　いっぽう次の気質の問題は、絶対に子イヌのうちに防いでおかなければならない。

気質問題

　気質問題は発達段階に関係しているため、気質トレーニングは子イヌのうちにすませなければならない。絶対にこの時期を逃してはいけない。成犬になってから咬み癖やケンカ好き、怖がりといった気質問題を解決しようとしても、非常に時間がかかるし、難しく、危険なことすら多い。平均的な飼い主の努力や能力では追いつかないのがふつうである。

　いっぽう、気質問題を予防するのは簡単で、効果もあり、楽しくやれる。子イヌのトレーニングや社会化のプログラムでは、かならず気質トレーニングが最重要課題でなければならない。ここで気質トレーニングというのは、さまざまなイヌや人を集めて、子イヌに他のイヌや人と仲良くできる自信と社会的知識を身につけさせることである。気質トレーニングでは、こうした予防的な取りくみがカギとなる。

　どんなイヌでも、個々の飼い主のライフスタイルに合わせる必要があるため、ある程度は気質の修正が必要になる。イヌは一頭一頭違う。自

信のないイヌ、我の強いイヌ、ものぐさなイヌ、活発すぎるイヌ、さらには内気で引っ込み思案、よそよそしい、反社会的、なれなれしい、と実に十人（頭）十色だ。

　子イヌが、家庭犬として必要とする健全な気質と温厚な性質を身につけるには、社会化と遊びが欠かせない。具体的に言うと、他の子イヌや成犬と遊ぶ機会、それにさまざまな人間、とくに子どもと男性との交流を重ねる機会を数多くつくってやる必要がある。

ケンカ好きなイヌ、怖がりのイヌ

　子イヌ同士で遊ぶと、その遊びを通じて、行動レパートリーの何をどう使うのが適切かを学べる。適切に社会化されていないと、他のイヌと交わる際に自信が持てず、その自信のなさが、隠れたり、空咬みしたり、力を誇示するように歯をむき出したり、うなり声を上げたりする行動に表れる。このようなあり方は、不要なストレスをためるだけである。

　イヌ同士の問題は、他の子イヌや成犬と遊ぶ機会を十分に与えてやれば、自然に解消する。子イヌはいわば自己トレーニングを通じて、友好的、社交的なイヌになり、社会化されたイヌは、他のイヌとケンカしたり隠れたりするよりも、一緒に遊ぶものなのである。

　いっぽう、子イヌが人間を恐れたり攻撃的になったりする問題を防ぐには、次に述べるように十分な手助けがいる。

人間に対する恐怖と攻撃性

　すべてのイヌは咬みつく可能性を秘めている。したがって、すべてのイヌは、人に絶対に咬みつかないようしつけなければならない。どうか、このことを忘れないでいただきたい。

　食べ物のルアーとごほうびを使うトレーニングを、絶対に使うべきケースを一つ挙げるとすれば、気質問題の日常的な予防である。さまざまな人、とくに子どもとの（しつけ教室やパピーパーティーでの）楽しい

触れ合いにより、イヌは見知らぬ人や子どもと出会い、楽しく交わることに慣れていく。人間が好きになったイヌは、その相手に咬みつく必要性を感じなくなる。

　飼い主は、咬みつき行動の抑制のしかたを学ばなければならない。まず、咬む力を抑えていき（子イヌの顎の力が完全に抜け、やさしく甘咬みするだけになるまで）、次に甘咬みもしないよう抑制していく。さらに、脅威を感じてもおかしくない状況に対して脱感作[*1]する必要がある。たとえば、だれかが大切なもの（食器、骨、オモチャなど）の近くにいるとき、見知らぬ人や子どもと一緒のとき、望んでいないのになでられたり、抱きつかれたりしているとき、粗っぽいハンドリングをされ、拘束されているとき、といった状況に対して脱感作しなければならない。

　咬みつきは非常に危険な問題であるため、3段階の介入プログラムを採用するが、以下の点が強調される。

咬みつきの抑制スケジュール

1. 子イヌの咬む力を抑制していく
2. 子イヌが甘咬み／咬みつきをする頻度を抑えていく
3. 考えられる限りあらゆる刺激に対して脱感作を行う

　咬みつきの抑制の練習は決定的に重要である。というのは、十分トレーニングしたと思っていても、練習していない未知の状況に出会う可能性は残るからである。バットマンの格好をした子どもがいきなり胸に飛び乗ってくるかもしれないし、しっぽが車のドアに挟まることもあるだろう。このような状況で仮にイヌが咬みつこうとしたとしても、咬みつきの抑制のトレーニングがうまくできていれば、被害は最小限ですむ。

行動修正

　問題行動は芽のうちに摘み取らなければならない。潜在的な問題行動や、初期の問題行動は、問題が大きくなる前に修正に取り掛かろう。

　指示（行動修正）を十分に与えないと、イヌは好き勝手に楽しみを追い求めて、不適切な行動をとり始め、さらにはそれを日常的に行うようになる。つまり、行動が習慣——それも悪習——となる。そうなると、飼い主はあらかじめ適切な行動を教えなかった自分のことを棚にあげて、イヌの勝手な振る舞いを許せず罰を与えることになるのである。

　イヌが間違った振る舞いをするとき、そこには2つの理由が重なっている。1つはそのイヌがただイヌらしく行動したということ。そしてもう1つは、意図的ではないにしても、飼い主がそうさせたのだが、そのイヌの行動は許せないものだった、あるいはその許せない行動を飼い主が知らずに助長したということである。

　イヌの問題行動が問題であると気づいていない飼い主は多い。問題を認識しているけれども、目をつむってしまう飼い主もいる。知らないうちにイヌの問題行動を強化している飼い主もいる。さらに、トレーニングの名のもとに問題を悪化させ、新たな問題を発生させている飼い主もいる。「治療」が問題行動の原因となることの、何と多いことか！

　いら立たしい問題行動は、実はイヌとしてはごく当たり前の行動なのである——イヌにしてみれば、飼われている家の環境に適応しようと努力しているわけである。イヌの行動それ自体はごく当たり前のものなのだが、ただその現れ方が、タイミング、場所、対象物といった点で、飼い主の目には不適切と映るのである。

　壁やフェンスに囲まれ、社会的な彩りに欠けた不自然な環境にイヌを

＊1　さまざまな刺激に慣れさせて、過敏に反応しないようにすること。第1章気質トレーニング「社会化」「ハンドリングとジェントリング」参照。

押し込めているのは飼い主であり、イヌの自然な行動を受け入れがたいと考えるのも（イヌの側ではなく）飼い主である。とすれば、イヌにその基本的性質をどう表現すればよいのか教えてやる責任も、やはり飼い主にあると言うべきであろう。少なくとも、飼い主がイヌに歩み寄り、都会や田舎の環境でのイヌの行動に関して、互いに納得できるルールを作るべきなのである。

　イヌとして正常な行動を、家ではどう表現すればいいのかを教えなければならない。何を噛めばよいか、どこで排泄すればよいか、どこに穴を掘ればよいか、いつ吠えればよいか、いつ飛びついてもよいか、いつはしゃぎまわってよいか。教え方の一例を挙げてみよう。イヌが外で排泄するたびにトリーツを与えると、イヌはすぐに、飼い主がいるときは、オシッコやウンチをすれば、トリーツがもらえることを学習する。その結果、飼い主がそばにいるときは正しいトイレで排泄しようと思うよう

イヌとして当たり前の行動をどう表現すればよいか教える必要がある。たとえば、どこでオシッコすればよいか！

になる。これでイヌは、こちらの仲間だ。ときおり間違いをしでかすことはあるだろうが、基本的には、起こりうる排泄の問題はかなり排除できたはずである。

オビーディエンス・トレーニング

　飼い主がイヌとコミュニケーションをとり、イヌの姿勢や居場所や活動をコントロールするためには、オビーディエンス・トレーニングが必要となる。どんな目的で飼ったイヌであれ、生活面である程度のオビーディエンス・トレーニングは必須である。

　トレーニングは退屈なものであってはならない。というよりも、トレーニングは飼い主にとってもイヌにとっても楽しくなければならない。容赦のない反復練習や、毎度繰り返される矯正、絶えず押したり引いたりし続ける訓練は、もはや過去の遺物である。かつては、権利より権力、知力より腕力を優先する愚かで混乱した考えの持ち主がわずかながら存在した。しかし、今やイヌに何かを教えているとき、飼い主かイヌのどちらかでも楽しくないとしたら、何か間違ったことをしていると考えてよい。計画を変更すべきである。ドッグトレーニングは、たとえればテニスの混合ダブルスの試合のようなもので、複雑で厳密なルールがあるけれども、やはり楽しい。もちろん結果を出すために努力して練習しなければならないが、何をおいてもまず、常に楽しめなければならない。

　また、トレーニングは時間がかかるものであってはならない。人間の優れた（はずの）知力を発揮して、ルアー・ごほうびトレーニングを行えば、簡単で効率よく、効果的にトレーニングできる。それに、トレーニングを日常生活のなかにうまく組み込むことで、それまでのライフスタイルを大きく変えることなく、日々の暮らしのなかでイヌをしつけられる。逆の面からも同じことが言え、イヌの生活のなかにトレーニングを組み込むことで、イヌは飼い主を信頼するようになり、進んで従うようになる。

トレーニングというのは、主に、イヌにコマンドの意味を教えることだと考えがちである。たしかにその通りだが、それはトレーニングの第一歩にすぎない。家庭での効果的なトレーニングは、3つの段階からなる。

効果的トレーニング　3ステップ

> 1. 指示に使われる言葉の意味を教える
> 2. 指示に従うと何が得られるかという意義を教える
> 3. 反応を強制する

　ルアー・ごほうびトレーニング法を使えば、コマンドの意味はすぐ簡単に教えられるだろう。次に、コマンドの意義までのみ込んだなら、子イヌはその指示に進んで従うようになるため、反応を強制する必要はほとんどなくなる。つまり、3つの段階で最も重要なのは、コマンドの意義を──コマンドに従いたくなるように──教える部分である。

　指示した言葉の意味をイヌが理解したからといって、そのとおりにするとは限らない。指示の意義までは理解できていないことが多く、その指示がイヌの希望と異なることもあるからだ。たとえば「オスワリ」と「フセ」を交互に繰り返し求めたとしよう。賢い犬なら「どっちかに決めてくれよ。オスワリをしてほしいのかい？　それともフセをしてほしいのかい？」と思うだろう。言葉の意味は分かっても、なぜそうしなければならないかという意義がまったく分からない。他にやりたいこと──草の匂いを嗅ぐとか、他のイヌと遊ぶとか、リスを樹に追い込むとか──がある場合にはなおさらである。イヌがコマンドに従おうとしないのは、トレーニングより他に楽しいことがあるからだ。

　この問題を解く秘訣は、生活のなかにトレーニングを組み込むことである。「生活のなかのごほうび」を使って、ごく短いトレーニング・セッ

ションを何度も何度も繰り返す。草を嗅がせる前にオスワリ、公園で走らせる前にオスワリ、他のイヌと遊ばせる前にオスワリ、と指示を出していると、イヌはすぐに「オスワリ」の意義、つまりその言葉の本当の意味をのみ込む。「ああ、オスワリをすれば、リードを外して公園で走らせてくれるってことだね！」

　ここでは、「公園で走る」「他のイヌと遊ぶ」といった、トレーニング中にイヌが気を散らすもとになる障害を、うまくごほうびに転換し、トレーニングに役立てている。同じように、夕食の前、膝に飛び乗る前、イヌが喜ぶこうした活動の前に、必ずオスワリをさせよう。これらも格好の「生活のなかのごほうび」となる。すぐに、飼い主がして欲しいことをイヌがしたがるようになり、イヌは自分で自分をしつけるようになる。

　トレーニングを成功させるには、たとえばオスワリするのは良い考えだ、ということをイヌに証明してみせることである。ある意味、イヌに、自分が人間をトレーニングしていると考えさせようとしているのである。そういう視点で見ると、イヌの反応（オスワリ）は、飼い主の適切な反応を引き出そうとするイヌの側からの「要求」ということになる。この場合、飼い主の適切な反応とは、イヌに思い通りに好きな行動をとらせることである。イヌがオスワリをすると、飼い主がその要求に従ってドアを開けたり夕食を用意したりする、というわけだ。

家庭犬のトレーニング

　本書は、真のコンパニオン・ドッグに必要なトレーニングに焦点を絞っているため、行動と気質の発達を中心的に扱った。いくらオビーディエンスのトレーニングをしたところで、扱いにくい気質がなんとかなるわけではない。どんな場合でも、気質トレーニングと行動修正こそが一番重要なのである。

　また、本書で取り上げたオビーディエンスの練習は、主に実生活に応用できる「家庭向け」の内容としていることが特徴である。ドッグトレ

ーニングのテキストやしつけ教室では、オビーディエンス競技会に必要な練習だけを扱うことが多いが、本書では、イヌとの暮らしに役立つ、イヌとの暮らしに欠かせない練習を主に解説した。

たとえば、家でリードを付けないでコントロールできるようにしてから、街でリードを付けた状態のコントロールを教える。リードを外してのツイテコイとリードを付けて歩くことを教えてから、リードを付けてのツケを教えるのである。また、「落ちついて（Settle Down）、シィー」（指示された場所で静かにしている。姿勢は好きに楽にしてよい）を教えてから、オスワリ－マテやタテ－マテ、（うつぶせ・仰向けの）フセ－マテを教える。

家庭犬としてのトレーニングと競技会向けのトレーニングとでは目的が異なるが、けっして相容れないというわけではない。むしろ、うまく補い合う関係にある。家庭犬としてのトレーニング・プログラムをこなせば、競技会での緻密な動きに必要な自信と確実性も、必ずや向上するだろう。落ちつきのない気質では、使役犬としての価値は無に等しいということも忘れてはならない。逆に、競技会向けのトレーニングをすれば、正確性が増すし、動きに活気が出る。したがって、どんなイヌでも競技会向けの練習をすることを、強くお勧めしたい。楽しめること請け合いである。

本書の説明はできるだけ短く、ポイントを絞るよう最大限の努力をしたつもりである。けれども、お伝えしなければならないことはあまりにも多い。そこで、主な点だけ以下に要約しておこう。

トレーニングは今すぐ始める

最初に受けた印象は、のちのちまで残るものである。よって、できるだけ早いうちから、家のなかで望ましい状態を作ることが大切である。のんびりしている暇はない。今日からトレーニングを始めよう。「トレーニング」のページを開き、すぐに試してほしい。ほんの10分のトレーニングで、あなたと子イヌがどこまで進めるかやってみるのである。そして、自分とイヌをほめ、また座って次を読み進めればよい。

子イヌと人間のパピーパーティー

　子イヌの性格の発達には、最初の経験が重要である。大人になってから出会うであろうあらゆるものを、子イヌに体験させ慣れさせる。奇妙な状況、大きな物音、突然の動き、そしてとくに人間である。家族や友人、見知らぬ人と一緒にいることに耐えられるようにするだけでなく、子どもと一緒になることを心から喜ぶように、積極的にトレーニングする。イヌはやはりイヌであり、脅威を感じたら咬みつくこともあるだろう。家に子どもがいなければ、親戚や友人、近所の子どもにも頼んで来てもらい、最初のパピーパーティーを開こう。今すぐに！

　どんなイヌでも咬みつく可能性はある。しかし人間を好きになったイヌは、まず咬みつく必要性を感じないのである。社会化は絶対に必要であり、個々のハンドリングやジェントリングの練習、自信を築く練習、咬みつきを抑制する練習も欠かせない。大人になって人に咬みつかないイヌにしつけられるかどうかは、飼い主——あなた——にかかっている。

子イヌ同士のパピーパーティー

　きちんと社会化されたイヌは、他のイヌから逃げたり隠れたりせずに、一緒に遊ぶものである。友人のイヌや近所のイヌとうまくやっていくことは、とりわけ重要である。予防注射を一通り終えたら、イヌ同士で知り合いになれるようパピーパーティーを計画したり、公園に連れて行こう。

子イヌはすぐに成長する

　イヌには、イヌとしてあたりまえの性質をどのように表現するとよいのかを教えなければならない。そうしないとイヌは勝手に振る舞い、間違いなく、飼い主の目から見れば不適切でわずらわしい行動をすることになる。どこで排泄すればよいか、何を噛めばよいか、どこで穴を掘ればよいか、いつ、どのくらい吠えればよいか、人にどうあいさつすればよいかといったことをイヌに教えるのである。イヌの間違え方は無数に

あるが、正しい行動は1つしかない。だから、最初から正しいやり方を教えるのである。基本ルールを今すぐ作ろう。このかわいらしい子イヌもすぐに成長することを常に頭において、必要なことをやっておくのである。

イヌのスイッチを切る練習

　1日に20回、子イヌに「落ちついて、シィー」と指示する。家で、また散歩のときにリードを付けて練習する。幼犬期から何度も「ちょっとした静かな時間」の経験を積んでおけば、生涯にわたってイヌと楽しく暮らせるだろう。逆にそうしないと、手に負えない騒々しい行動で、飼い主の頭も部屋もメチャクチャになり、遊び好きのイヌの楽しい生活をこれからも続けさせるわけにはいかなくなる。

イヌのスイッチを入れる

　1日に50回、子イヌにオイデとオスワリをさせ、なでたり、軽く叩いたり、オモチャかトリーツを与えたりする。信頼できる従順なイヌを育てる秘訣は、ごく短い（5秒以下の）トレーニング・セッションを毎日数え切れないほど繰り返すことである。家のなかのさまざまな場所で、庭で、散歩の途中で、何度も行う。

　ジキルとハイド的な性格を発達させるイヌは多い。飼い主が注意を向けているあいだは何でもするが、飼い主が目をはなすと何もしないのである！　緊急時に注意を引きつけるコマンドとしては、「オスワリ」もしくは「フセ」を使うとよい。

「オスワリ」はイヌの基本マナー

　夕食やトリーツやオモチャをもらいたいときにオスワリ、なでたり軽く叩いたりほめたりしてもらいたいときにオスワリ、外に行きたいときにオスワリ、家のなかに入りたいときにオスワリ、膝に乗りたいときに

オスワリをするよう、最初からしつける。「オスワリ」という言葉の意味を教えたからといって、素直にオスワリするとは限らない。しかし、イヌにとって楽しい行動の前に必ずオスワリをさせることで、イヌはこの指示の意義をのみ込む。オスワリすればしたいことをさせてくれると理解した子イヌは、求められたら進んでオスワリするようになる。とにかく、非常に多くの問題が、オスワリひとつで解決するということを覚えておいていただきたい。

あいさつの「オスワリ」

　玄関や路上で人にあいさつするときに「オスワリ」するよう、子イヌをしつけるとよい。子イヌのころはいくら飛びついてもヨシヨシしておきながら、成犬になってから同じことをしたら罰を与えるというのはフェアではない。

　トレーニングが進んだ時点で、飼い主が望むなら、「ハグ！」といった合図で飛びつかせてもよいだろう。

リードを引っ張らせない

　絶対に子イヌにリードを引っ張らせてはいけない。そのため、リードをたるませてイヌを歩かせることができない人に、イヌの散歩を任せてはいけない。若年期に入ってからリードを引っ張る習慣を止めさせるのは、人に禁煙させるのと同じくらい難しいからだ。

　しかし、いったんこのトレーニングをしたのち、子イヌが成犬になってから飼い主が望むなら、上り坂で飼い主を引っ張ってあげたり、雪の上でソリを引っ張ったりするために、合図によってリードを引っ張るトレーニングをしてもよい。

第 1 章

気質トレーニング

ローバーの悲劇

　ローバーは長いあいだずっと、まったく問題のないイヌだった。ところがある日突然、何の前触れもなく、遊びに来た子どもに襲いかかったのである。翌朝には飼い主に激しく挑みかかった。ローバーは家のなかでの支配権を得ようとしたのではないか、と考える人は多いだろう。だがローバーは、ふだんから攻撃的なタイプではなく、申し分なく行儀の良いイヌだった。ただこの2日間だけ、なぜか攻撃的な行動に出たのである。

　結局ローバーは、いつ凶暴になるかわからないイヌということで、突発的攻撃性を有するとの診断を下された。そして、ただちに処分されてしまったのである。

飼い主から見た状況

　ローバーは、どこにでもいる忠実なイヌだった。飼い主は攻撃性の兆候にいっさい気づかなかった。それどころか子イヌのころ、ふつうはあってもおかしくない甘咬みや咬みつきの問題すらまったく起こさなかったと、飼い主は語っている。しかし、今から振り返ると、ローバーが落ちつかなくなる状況がいくつかあることに飼い主も気づいてはいたが、たいしたことではないと無視していたのである。飼い主が気づいていた点を挙げると、(1) 初めて見る人に慣れるまでに、いつも時間がかかった。(2)「子どもが大好き」というほどではなかった。(3) 少しハンドシャイだった。(4) 食べ物や骨、オモチャを守ろうとすることがあった——要するに、ローバーは、ごくふつうのイヌだったのである。

　ローバーは、たいていはとても良い子で、どちらかというと友好的に見えた。落ちつかず不安になるのは、特殊な予測できる状況に限られていたため、そういう状況を作らないようにしたり、あるいは無視したりしてきた。突然よその子どもを襲うまでは。

そのとき、母親は動転して、どうしていいかわからず、とりあえずローバーを地下室に閉じ込めて、ケガをした子どもを病院に連れていった。母親も父親もローバーをとても愛していたが、父親はとくにローバーに甘く、その夜帰宅してこの話を聞いても、なかなか信じようとしなかった。地下室に降りていくと、ローバーはいつもどおりの楽しそうなようすで、反省しているようすはかけらもなかった。父親はカバンと車の鍵を置くと、ローバーに厳しい体罰を与えた。そして、今後どうするかを考えるあいだ一晩、地下室に閉じ込めることにしたのである。

翌朝、父親は出勤前にようすを見に降りていった。ローバーは少しおびえ、しょげているように見えたが、オイデ、オスワリ、フセ、オスワリ、オテ、と続けてコマンドすると、嬉々として従った。父親は片手を伸ばしてローバーの身体を軽くたたき、「行ってくるよ」と言いながら、車の鍵を取り出そうと反対の手をポケットに入れた。すると……突然ローバーが飛びかかってきて、何度も腕に咬みついたのである。

二人は、子どもにまで咬みつくようなイヌとはもう暮らせないと思った。また、気分が急に変わったり、予測のつかない突発的な攻撃行動をとったりするローバーをどうしたらいいのか、困り果てた。そして最後に、不本意ながら、ローバーを安楽死させる決断を下したのである。

ローバーから見た状況

ローバーの目から見ると、物語はまったく違ったものとなる。ローバーに反対尋問をさせてみよう。(1) この事件の何年も前から、飼い主には繰り返し警告を発してきた。(2) その子どもには、咬む直前にも警告を発していた。(3) 咬みつく理由は、それこそたくさんある。

子イヌのころから、ローバーは飼い主に次のようなことを訴えてきた。(1) 知らない人が生活空間に侵入してくると、どうしようもなく追いつめられた気持ちになる。(2) 子どもが近くにいると、とても不安で落ちつかない。(3) 首のあたりに手を伸ばしてきて、急に首輪を引っ張る人

が大嫌いだ。（4）自分の食器に近づいてくる人は完全に敵だと感じる（おそらく、飼い主がローバーに、人のいない場所で独りで食事をさせていたため、それに慣れてしまったものと思われる）。

　なぜこれほど一生懸命訴えたのに分かってくれないのか、ローバーには分からなかった。警告は無視されたり、ときには警告を発しないよう抑えられたりした。うなり声を上げると、罰を受けた。飼い主はうなってほしくないのだとローバーは判断し、警告を発するのを止めた。だがもともとの問題が解決したわけではない――時限爆弾が刻々とときを刻んでいたのである。それでも、ローバーは飼い主に何度も警告してきた。それに間違いなく、ローバーには困惑するだけの数々の理由があったのだ。とくに、仕事から帰宅した父親がわけもなく自分に手を上げることがあるのが理解できなかった。この飼い主には突発性の「激怒」症候群があるのではと、ローバーは恐れていた。

本当の状況

　（1）ローバーは知らない人に咬みついたことはなかったし、うなり声を上げたこともなかった。だが、知らない人に愛想良くしたこともなかった。せいぜい敬遠しながら少し観察し、慎重に近づいてようすを見る、といった程度だった。ローバーが知らない人と一緒にいるとき落ちつかないのは、たくさんの人と交わる機会が十分に与えられなかったことによる。人は平均して1日30人の相手と話をするが、ローバーはふだん3人、つまり家族としか触れ合わない。この3年のあいだに、ローバーは少しずつ非社会化されてきたのである。

　（2）ローバーの同居人は、父親、母親、6歳になる息子のジョニーの3人である。ジョニーを咬むことはなかったし、今後一緒に暮らしても咬まなかったかもしれない。けれども、ジョニーがとくに好きだったわけでもない。ジョニーはどんなイヌにとってもやっかいな子で、いつでもどこでもローバーにまとわりついた。ところかまわず、つついたり、つ

かんだり、抱きついたりした。ジョニーの挑発的な行動に絶え間なくさらされていたローバーは、止めてほしいと警告を発した。すると、これをローバーの「我慢不足」と見た親たちが、うなり声を上げると罰を与えるようになった。ローバーはすぐに学習して、罰とジョニーの存在とを結びつけ、ますます緊張して落ちつきをなくしていった。ついにはジョニーがそこにいるだけで、それを脅威と感じるようになった。それでも、親がいないときには、ジョニーは悪気はないものの、相変わらずローバーを悩ませるのだった。そこでローバーは回避行動をとり、極力ジョニーと接触しないようにした。

（3）親たちに体を触られているとき、ローバーが空咬みをしたりうなり声を上げたりしたことはない。しかし、父親が首輪に手を伸ばしてくると、頭をわずかに低くするのが常だった。いっぽう、獣医師やトリマーは、定期検査のときのローバーはいつも手に余ると言っていた。最近では、とくに耳掃除のあいだ、ジッとさせておくのが非常に難しくなったとも話していた。

（4）ローバーは自分の食器を守るために、空咬みしたりうなったりしたことはなかったが、それはその必要がなかったからにすぎない。というのも、ローバーはいつも独りで食事をしていたからである。また、ローバーの食事中には近寄らないようにという注意が、人に与えられることもなかった（この注意自体は正しいかもしれないが、それよりも、食事どきに突然のお客さんが来たとき、どう振る舞うべきかをローバーに教えることのほうが重要である）。だとしても、飼い主が注意さえしていれば、食器の近くにいるときの微妙な態度の変化や、オモチャや骨を守ろうとするひそかな動きに気づいたかもしれない。それに、父親がローバーを追いかけていってベッドの下から引きずり出し、クシャクシャになったティッシュの箱を、ローバーの口から力づくで奪い取るというようなできごとも実際にあった。

飼い主がとった対応は「現実に目をつぶる」方法だった。ローバーの

危うさや、繰り返された警告に対して、些細なことと目もくれず、さまざまな言いわけを考えて無視したのである。

そしてある日、ジョニーと最近仲良しになったジミーが、放課後に遊びにやってきた。子どもたちはジミーが買ってもらったばかりのオモチャ——リモコンで動くプラスチックの恐竜で、口から火花を吐く——で遊び始め、ローバーは居間に引っ込んだ。子どもたちが遊んでいるうちに、恐竜がローバーのアルミの食器にぶつかり音を立てた。「おっ、夕飯の時間だ！」とローバーは思った。食べ物への期待で、キッチンにいる子どもたちへの嫌悪感を忘れ、ローバーはウキウキと小走りに食器に近づいてきた。ちょうど食器の手前まできたところで、オモチャを拾い上げようとしたジミーの手が偶然ローバーの耳と首輪をこする形になった。ローバーはジミーに咬みついた。歯がジミーの皮膚を切り裂いた。

医学的モデルを使って問題行動の分析を行うと、ローバーの行為を1つの理由から、直接的な因果関係で説明しようとすることになる。しかし、イヌが人を咬むとき、ふつう理由はいくつもある。少なくともイヌに不安を感じさせる状況や刺激は数多くある。知らない人、それも子どもが、食器の近くにいて、首輪に手を伸ばしてきた。この4つの刺激はどれも単独で攻撃を引き出すほどの力はないが、すべてが合わさると、ローバーが自己防衛の必要性を感じるだけの大きさになったのである。つまり、個々の刺激自体は極端なものでなく、咬みつきの閾値より低いもの（閾下）だとしても、それらが一緒に起こると、多くのストレスが積み重なり、そのイヌの咬みつき閾値を上回ってしまう。成長過程で身につけてきた咬みつきの抑制のレベルよりも、防衛欲求のほうが高まれば、イヌは咬むのである。たしかにローバーにはジミーを咬むだけの理由が4つもあった。

ローバーの気質は基本的にはもろいものだった。湖に張った厚さ1センチの氷の上に雪が積もっているような気質である。問題なく見えるが、上で飛び跳ねれば割れてしまう。ローバーと同じようにギリギリで堪え

ている親や、兄弟や、妻や、夫は、世のなかにたくさんいるのではないだろうか？

「閾下の咬みつき刺激」という概念は、個々の咬傷事故の解釈においても、咬みつき予防プログラムの実施においても、比較的有用な理論モデルとなる。1回の咬みつきにも通常複数の理由があるという理解は重要である。私たちの目標は、それぞれの理由となる刺激に対して子イヌのうちに脱感作させることにある。

ローバーの2度目の攻撃の解釈は、やや複雑になる。この場合の閾下の咬みつき刺激の1つは、迷信的な合図だったからである。この日の朝、地下室（罰の場所）で父親（罰を与える人間）を迎えたローバーは、最初あまり反応が良くなかったが、父親の機嫌が悪くないと分かると元気になった。しかし、父親がローバーを軽く叩こうと手を伸ばしてきたとき、ローバーは不安になった。そして迷信的な合図――車の鍵がジャラジャラと鳴る音――とともに、我を失った。

迷信というのは、とくに意味のない無害な刺激のあとに、偶然に、極端に良い、あるいは極端に悪いできごとが起こるとできあがる。たとえば、フットボールのコーチがチキンサンドウィッチを食べたあと、シーズン初の勝利を上げたとする。コーチはその後、シーズンのすべての試合の前に必ずチキンサンドウィッチを食べるかもしれない。いっぽう、それまでどうということのなかった刺激のあと、さんざんなできごとが起こると、悪い迷信が生まれる。はしごの下を歩いていたら頭の上からレンガが落ちてきた人は、以後はしごの下を歩かないようになるだろう。

ローバーの場合、生まれて初めて激しい罰を受けた直前に、鍵がジャラジャラ鳴る音を聞いていた。刺激（鍵）と一連のできごと（罰）とのあいだには永続的な関係はなく、論理的な因果関係もないとはいえ、ローバーにとって罰があまりにも恐ろしく不快であったため、たった1回の偶然の結びつきだけで、その後ローバーが鍵の音を聞くだけで極端にイライラするようになったのである。ローバーの側から言えば、またして

も殴られるリスクをあえて冒すことはない。だから先制攻撃をしかけることにした。「やられる前にやれ」である。

ローバーの行動が予測不能に見えたからといって、実際にそうだったとは言えない。ローバーの攻撃の原因は、ストレスを引き起こす、明確かつ予測可能な刺激が積み重なったことにある。同様に、飼い主や咬まれた犠牲者が警告に気づかなかったからといって、ローバーが警告を発していなかったとは言えない。ローバーは、こういう状況で繰り返し不安を感じると訴えてきたのに、飼い主はそのつど、警告に気づかないふりをしてきたのである。

ローバーはジミーに咬みつく直前、間違いなく警告のうなり声を上げた。イヌに初めて接する6歳の子どもが、この短く微妙な警告に気づかず見逃したのは、ローバーのせいではない。また、父親が地下室に降りてきたときにもローバーは警告を発している。どちらの場合も、ローバーは適切な警告を発しようとしたのである。ところが、長年のあいだに警告を発しようという気持ちが少しずつ薄れてきていた。うなるたびに罰を受けてきたからである。間違ったトレーニングが暴発を招きやすくしたとも言える。

うなることに対して、行動療法として罰だけを与えると、一般に事態は悪化する。イヌは特定の状況で緊張を感じたときにうなり声を上げる。そんなとき罰を与えられると、今度は緊張する2つ目の理由ができる。つまり（1）もともとその場に対する自信が不足しているところへ、（2）飼い主または身体に触ってくる人の不可解な攻撃が加わり、残っていたわずかな自信も打ち砕かれてしまうのである。こうして、動揺しても警告を発さないイヌができ上がる。これでは本末転倒である。まず根底にある気質の問題を解決し、脱感作させるのが第一で、そのあと、うなり声を上げないトレーニングを行うべきなのである。

ローバーの2度の攻撃が激しいものになったのは、幼犬期に咬みつきの抑制トレーニングをあまり受けていなかったせいである。飼い主の身体

をあちこち咬んだり、甘咬みしたりということのない子イヌだった（おそらく少しシャイだった）ローバーは、咬むのが悪いことだと学習する機会がなく、甘咬みのときの力の抑え方も学ばなかった。加えて、都市近郊で壁とフェンスに囲まれて育ったため、他のイヌと遊ぶこともめったになく、咬みつきの抑制を学ぶ機会が一切なかったのである。

咬みつきの予防

　ローバーほど単純な事例は、実際にはないだろう。現実のイヌには、神経にさわる刺激や状況は少なくとも10以上ある。イヌをイライラさせるものはいくつもあって、そんなことは誰でも知っている。イヌの不安をかき立てる、ごく一般的な対象を挙げてみよう。──子ども。初対面の人（とくに男性と子ども）。見慣れないもの（帽子やサングラス、傘、野球のバットなど）を身につけたり手にしたりしている人。奇妙な動きをする人。突然の動きと大きな音。マズル（鼻口）や耳、脚、お尻に触れられること。拘束されること（あるいは抱きつかれること）。食べ物や骨、オモチャなど大事なものに近づかれること。

　十分にプルーフィング[*2]が行われ、脱感作されているのでないかぎり、人が近くにいるというだけで、悪意を持っていなくても、脅威を感じるイヌは多い。実際、社会的問題行動は、アイコンタクト、相手との距離、身体的接触といった要素から、おおよそのところを分析・説明できるかもしれないのである。

　日常的な子イヌの教育における最大の目的は、不安をかき立てる刺激になりそうなもの一つひとつに対して脱感作させることである。気質ト

[*2] 1つのコマンドを教える際に、どこで、誰に、どんな報酬を手に言われても、その同じコマンドには確実に反応するように、さまざまな条件下でトレーニングすること。

レーニングは、2つの系統的脱感作プロセスからなる。人の接近や接触やその他の行為に耐えることを学ぶだけでなく、人の存在や行為、とくに子どもや知らない人のハンドリング、それも手荒なハンドリングをも完全に楽しむことを学ぶのである。なぜそんなことをしなければならないのか？　将来いつか、遊びのなかで子どもが意図せずに（あるいは意図的に）脅してくるかもしれないし、獣医師やトリマーが身体を調べているあいだに不可抗力で傷つけることがあるかもしれない。また、飼い主がうっかり脚を踏んだり、尻尾を車のドアに挟んだりするかもしれないのである。こうしたことに対して、前もって準備しておくほうが賢明だからだ。

社会化

　小さな子イヌは、フワフワの動くオモチャだと勘違いしている人は多い。ほんの数ヶ月後には若年期を迎え、確実に成犬ほどの大きさになるイヌだとは考えないのである。たいていの飼い主は、そのかわいらしい綿毛のかたまりが問題を引き起こすなどと、想像することすらできない。けれども、自分がイヌ——1頭の生きもの——と暮らしているのだということを、忘れてはならない。イヌは腹が立ったからといって、弁護士に電話したり苦情の手紙を書いたりするわけにはいかない。その代わりにうなったり咬んだりする。

　忘れられがちなことだが、家庭犬は適切なトレーニングを受け、完全に社会化されて初めて、本当の意味で「家のイヌ」となる。社会化が不十分なイヌは、（どんな犬種であっても）野生動物以上に危険な存在である。野生動物は人間と距離をおいて生活するが、社会化の不十分なイヌは人のそばに暮らしており、それだけに、驚いたりおびえたり傷ついたりすると、咬みつく可能性も高い。

第1章 ●●● 気質トレーニング

　イヌが人や他のイヌ、動物や環境を恐れるようになるいちばんの理由は、社会化不足である。そして、イヌが人や他のイヌ、動物に対して攻撃的に振る舞ういちばんの理由は、恐怖である。恐怖を抱いたイヌは通常、自分を脅かしている刺激を避けようと、逃げて隠れる。けれども、その刺激も生きものである場合、どこまでも追いかけてくるかもしれない。このような脅威にさらされ、逃げることもできないとなると、最後の手段として、侵入者を追い返そうと、歯をむき出してうなったり、空咬みしたり、吠えたり、咬んだりするのである。

　いっぽう、社会化されたイヌは、咬んだり戦ったりするのではなく、遊ぶほうを選ぶ。社会化とは、子イヌや若年期のイヌが、限りなく多様で変化を続ける社会的、物質的近況に自らを慣らしていく発達のプロセスをいう。子イヌは、成犬になったときに出会うであろうあらゆるものにさらされ、脱感作されなければならない。経験を積むほど、成犬になったときに変化に対処する能力が高まる。そのために利用できるのが、パピーパーティーやパピークラスである。

　子イヌの社会化は、将来のために行うということを忘れてはならない。飼い始めた子イヌがいま、パーティー好きで陽気だからと安心してはいけない。通常の発達と社会化の道筋をたどっていれば、生後2〜4ヶ月齢の子イヌというのは非常に友好的で好奇心旺盛で、あらゆる人、あらゆるものに近づいていく——ものなのである。しかし行動や気質は、発達段階と社会化の質に応じて常に変化する。通常の発達過程では、生後4〜5ヶ月齢までには、初対面の人に対して用心し始める。その後も見知らぬ人を受け入れられるようにするためには、若年期になっても初対面の相手と交わるトレーニングを続ける必要がある。同様に、幼い子イヌは人間の子どもが大好きだが、若年期を経て成犬になるにつれ、子どもに対して用心深くなっていく。子ども好きであり続けるには、子どもの近くでどう振る舞うべきかを、若年期にも成犬になっても、継続的に教えていく必要がある。子どもの側も同じで、イヌといるときの振る舞い方を

教えなければならない。

　うまく社会化されていた子イヌが、突然大きな物音や奇妙な音、風変わりなできごと、突然の動き、知らない人や子どもに「おびえる」ようになる時期は、生後8ヶ月齢ごろが最も多い。子イヌを社会化する目的は、若年期から成犬になっても、ずっと社会的でいられるようにすることにあるという点を、心に留めておいていただきたい。とくに大切なのは、若年期の「おびえる」時期、つまり生後6ヶ月齢から2歳までである。

ハンドリングとジェントリング

　イヌがハンドシャイになるのはなぜか、と尋ねると、それは特定の犬種の問題だ、繁殖のしかたが「悪かった」、子イヌのころに虐待された、と答える人が多い。たしかに、知らない人が手を伸ばしてきて軽く叩こうとしたり、あちこち触ろうとしたりすると頭を低くするイヌは、ふつう危険を感じてそうするのである。けれども、診断的な原因を考えるとき、手に対するイヌの反応だけではなく、これまで人間の手がそのイヌに何をしてきたかを考えるほうが、多少なりとも意味があるのではないだろうか。「イヌの行動はウソをつかない」という格言もある。

　飼い主が首輪に手を伸ばすと尻込みするイヌがいるとしたら、この飼い主の手がこれまで首輪のまわりで何か良くないことをしてきたことは、誰の目にも明らかだ。単に、首輪に手を伸ばしてリードを付けただけのことだったのかもしれない。ただそのせいで、公園で他の子イヌたちと一緒に遊んでいた楽しい時間が終わりになったのである。あるいは、家の外につないでおくためや、1日中地下室に閉じ込めておくために、首輪をつかんだのかもしれない。もっとありそうなことは、飼い主が首輪をつかんで叱ったり罰を与えたりしたということである。

　問題を解決せずに、イヌが手に余ることや臆病なことを、もって回っ

た言いわけでごまかすのはやめよう。ハンドシャイの原因が何であれ、その問題が系統的脱感作で解決できることは分かっている。そして、もっと重要なことだが、子イヌに自信をつけさせる基本的なトレーニングを行えば、簡単かつ効果的に、その問題を予防できることも分かっている。

もちろんイヌをつかむ必要がある場面もある。たとえば首輪が外れてしまったときや、玄関から飛び出そうとしたときである。子どもがイヌをギュッと抱きしめようと、つかみかかることもあるだろう。結果として、人間にはそのつもりはなくても、イヌにとっては恐ろしく、ときに苦しいつかまれ方をすることは避けられない。したがってどんなイヌも、そうされることをむしろ楽しめるようにならなければならないのである。

食事のとき、食器からドライフードをひとつかみ取り出し、1つ子イヌに与える。1歩下がり、子イヌが近づいてきたらもう1つ与える。やさしく手を伸ばして耳の後ろを掻いてやってからもう1つ。次はもう少し速く手を動かし、けれどもやさしく掻いたりなでたりしてから、ごほうびを与える。その後の練習では、しだいに少しずつ触れる前の手の動きを速くしていき、最終的にすばやく、けれどもやさしくつかめるところまで

トレーニング用トリーツを使い、タテ―マテの状態で喜んで身体を調べさせるように教える。獣医さんは大喜びするだろう。

もっていく。次に、ゆっくりと手を近づけ、首筋か首輪に手をかけて、やさしく引っ張ってから、ごほうびを与える。そのあと2、3回で、つかむ力を徐々に強めていく。首筋をつかんで激しく揺さぶっても平気で「なあに？　ごほうびはどこ？」と言うようになるまで、それほど時間はかからない。

　家族や友人にも子イヌを相手にこの練習をしてもらう。いったん身体に触れられることに不安を感じなくなったイヌは、とっさのときにつかまれても悪い反応を示すことは少なくなる。脅かすようなハンドリングや手荒なハンドリングをしたとしても、楽しいおふざけだと思えるようになる。人間の手を、身体を拘束したり罰を与えたりする手ではなく、自分をかわいがってくれる手、トリーツをくれる手と結びつけることを学ぶのである。

咬みつきの抑制

　子イヌは咬みつく。ありがたいことに、咬みついてくれる。子イヌの咬みつきは、正常で、なくてはならない行動なのである。幼いころに甘咬みや咬みつきをしない子イヌは、実際良いイヌにならない。子イヌは咬みつき遊びで、将来の生活に欠かせない咬みつきの抑制を身につけるからだ。

　子イヌは、歯はとても鋭い針状だが、あごの力が弱く、咬むのが好きである。そのため、何度も繰り返し咬みつき遊びをするが、咬まれても、痛いことは痛いけれども、大ケガになることはまずない。こうして、発達段階の子イヌは、大ケガをさせるほどあごの力をつける前に、咬む力について大切なフィードバックを受けるのである。子イヌが人や他のイヌ、動物と咬みつき遊びをする機会が多ければ多いほど、成犬になってからうまく咬みつきを抑制できるようになる。あいにく、他のイヌや動

物と、常に触れ合いながら成長できない子イヌの場合は、飼い主が咬みつきの抑制を教えなければならない。

　子イヌの咬みつき行動は、最終的にはなくさなければならない。子イヌのときのように、成犬になってからも家族や友だち、見知らぬ人に嬉々として傷を負わせるイヌなど、飼ってはいられない。それでも、子イヌの咬みつき行動を一気に消してしまうのはよくない。それでは、咬む力の抑え方を学習できないからである。子イヌの咬みつきは、4段階のプロセスで系統的に少しずつなくしていくのがよい。4つの段階を1つずつ教えていくほうが簡単なイヌもいれば、咬みつきがひどく、4つを同時にまとめて教える必要があるイヌもいるかもしれない。いずれの場合も、咬みつきがまったくなくなる前に、まず咬む力の抑制を学ぶことが大切である。

1. 咬みつく力を抑える

A. 痛いほど咬まない

　4段階の最初の課題は、子イヌが人を痛いほど強く咬まないようにすることである。ここで、子イヌを叱る必要はなく、身体的な罰は禁止である。罰を与えると、一般に事態は悪化する。身体的な罰と拘束は（1）一部の子イヌをさらに興奮させ、（2）知らないうちに飼い主への信頼を失わせ、子イヌの気質に悪影響を及ぼすことが多い。

　それでも、咬まれて痛かったことを子イヌに伝えるのは大切である。ただ「痛いっ」と言うだけで十分である。「痛いっ」という声の大きさは、子イヌの気性に合わせて変える。敏感な子には、軽く「痛っ」と言うだけでよいが、やんちゃ坊主には大声で「痛いっ！」と叫ぶ必要があるかもしれない。

　しかし、最初のトレーニングのあいだは、叫び声を上げるだけでも子イヌをさらに興奮させてしまいかねない。身体的な罰や拘束、部屋への閉じ込めも、興奮を高めることがある。騒ぎやすい子イヌに非常に効果

的な技法は、「バカ！」と言い捨てて部屋を出て、バタンとドアを閉めてしまうことである。1、2分「タイムアウト」をとり、そのあいだに子イヌに、大好きな遊び相手を失ってしまったことを反省させる。そのあと部屋に戻り、仲直りをする。大切なのは、自分は今でも子イヌが大好きだということと、でも咬まれるのは痛くて嫌だということを伝えることである。オイデ、オスワリをさせ、遊びを再開する。理想を言えば、生後3ヶ月齢までに、人を痛いほど咬まないよう教えるべきである。

　子イヌを独りにさせることは、すでに手に負えなくなってから拘束し、力づくで部屋に閉じ込めるよりも、はるかに望ましい（仮に子イヌの行動が手に負えなくなった場合でも、勝手に動き回らせても危険のない場所、つまり長時間用の居場所で最初から遊ぶようにしておくとよい）。

　この技法は痛みの感覚の鈍いイヌにも非常に有効である。たとえば、一部のテリアや使役犬の子イヌの場合。これらのイヌは、頑丈だが、ありがたいことに脳は非常に繊細で、性質はやさしく遊び好きである。そのため、遊び相手を失うことには絶対に耐えられない。

　子イヌ同士が遊んでいて咬む力を抑えることを学ぶときにも、まったく同じしくみが働いている。強く咬みすぎると相手の子イヌはケガをしてキャンと吠え、その子イヌが傷をなめるあいだ遊びが中断する。咬んだほうは、強く咬みすぎると楽しく遊べたはずの時間が削られることに気づくのである。そのため遊びが再開されたときには、その子イヌはもっとやさしく咬むことを学習している。

B.　まったく力を入れない

　トレーニングの第2段階では、咬む力を完全に抜くことを練習する。もう「咬みつき」が痛くなくなった段階で、子イヌが甘咬みを繰り返しているときに、それまでよりも強く咬まれた瞬間をとらえ、ほんとうに痛かったように（実際は痛くなくても）反応する。「痛っ。このバカ！　もっとやさしく。ケガしちゃったじゃないか」。すると子イヌは考え始める。

「えぇー！ 弱っちいな。これくらいネコだって平気なのに。人間って、本当に繊細なんだな。こんど咬むときは、相当に気をつけなくっちゃ」。そう、私たちはイヌにこう考えてもらいたいのだ。人間と遊ぶときは最高に気をつけるように、と。生後4〜5ヶ月齢までに、甘咬みの力が完全に抜けていれば理想的である。

2. 甘咬みの抑制
A. 要求したらいつでも甘咬みを止めるようにする

咬みつくのでなく、やさしく甘咬みすることを覚えたら、次は、甘咬みしてもいいけれども、止めろと言われたら止めることを教え、甘咬みの回数を減らしていく。なぜか。20キロもある子イヌが手首にぶらさがっていたら、コーヒーを飲むのも、電話に出るのもままならないからである。

食事の一部を手から与えるのは、「オフ（Off）」（放せ、離れていろ）と「取れ（Take it）」を教えるのに良い方法である。習慣的に手から与えるようにしていると、やさしく甘咬みする練習になるし、食器の近くに人がいてもおびえたりしなくなる。子イヌが食べ物で「オフ」を覚えたら、その指示を利用して甘咬みを止めさせられるだろう。子イヌがやさしく甘咬みしているときに「オフ」と言って、フードの粒を与える。甘咬みを止めてフードを取ったらほめてやる。

忘れてはならないのは、これは基本的に甘咬みを止める練習だということである。子イヌが要求に従って甘咬みを止めたなら、あらためて甘咬みを始めさせる。1回のトレーニングで、止めて、始めて、を繰り返すのである。もう一つ言えば、子イヌは甘咬みしたくてしかたがないので、甘咬みを止めたことへのいちばんのごほうびは、もう一度甘咬みさせてやることなのである。その回のトレーニングを終わりにするときには、「オフ」と言ってからキッチンに呼び寄せ、「落ちついて（Settle Down）」と言い、ぬいぐるみの噛むオモチャを与えて、自由に噛み遊びをさせる。

「オフ」といっても口から手を放さないときは、「オフ！」と大声で言ってすぐに手を引き抜き、「このバカ！　もうおしまい！　おまえのせいだ」と文句を言いながら部屋を飛び出し、子イヌの鼻先でドアをピシャリと閉める。2分ほど子イヌを独りぼっちにしてから戻り、オイデとオスワリをして仲直りする。ただし、そのあと最低2時間は甘咬みをさせない。

B.　要求しないかぎり甘咬みをしないようにする

　子イヌは生後5ヶ月齢までに、14歳のラブラドールの使役犬と同程度のやさしい甘咬みを身につけなければならない。甘咬みでは絶対に力を入れず、家族のだれかに止めるよう言われたら即座に甘咬みを止められるようでなければならない。先述したように、甘咬みをするのは子イヌには欠かせないことであり、若年期の早いうちまでは許される。だが、若年期の半ば以降、成犬になったら、そのようなことはまったく不適切となる。生後6ヶ月齢になるイヌが公園で子どもに近づき、腕に甘咬みしたとしたら、ほんの遊びのつもりでも、とんでもない事件になってしまうだろう。そんなことがあったら、飼い主は神経過敏になって、そのイヌを一切外に出さないようになってしまう。したがって、遅くとも生後5ヶ月齢までには、指示されないかぎり、人間の身体や衣服に口で触れないよう教えておく必要がある。

　イヌの甘咬みを許すかどうかは、飼い主しだいである。甘咬みの状態を維持させる自信がない飼い主は、生後6ヶ月齢までに人間に対する甘咬みを完全に止めるよう子イヌに教えたほうがよい。なぜなら、このような飼い主は、遊びの甘咬みをすぐに暴走させてしまうためである。同じ理由から、多くのドッグトレーニングの本は、ケンカ遊びのようなゲームをしないようにと強く警告している。とはいえ、咬みつきの抑制の練習を続けることは非常に大切である。そうしないと、イヌはしだいに、ズルズルと咬みつく力を強めていってしまうのである。そこで、習慣的に手から食べ物を与えて、毎日歯を磨くことを勧めたい。このような練

習は、イヌの口に人間の手を入れることになるからである。また、咬みつきの抑制を維持するために、他のイヌや動物と遊ぶ機会も与えたい。

いっぽう、十分に常識を備えた飼い主ならば、甘咬みの力加減を維持するために、定期的にイヌとケンカ遊びをするとよい。しかし、イヌを暴走させず、ケンカ遊びの多くの利点を十分に活かすためには、飼い主自身がルールを守らなければならず、イヌにもルールを守って遊ぶことを教えなければならない（ケンカ遊びのルールについては、『ダンバー博士のイヌの行動問題としつけ』咬みつく［防御的攻撃］の章参照）。

ケンカ遊びでは、甘咬みするのは手だけで、衣服を咬んではいけないことを教える。ネクタイやズボンを咬まれても、飼い主は痛くないため、咬み方が強すぎるとか、もう少しで歯が身体に触れるところだったといった、必要なフィードバックができないのである。言うまでもないが、イヌと遊ぶときには絶対に手袋をしてはならない。そんなことをすれば、子イヌはふだんより強く咬むことを覚えてしまう。ケンカ遊びの練習を通じて、どれほど興奮していようとも、咬む力についてはルールを守らなければならない、ということを子イヌは学ぶ。また飼い主には、興奮しているイヌをコントロールする練習となる。現実の状況でそうなる前に、きちんと準備された環境で練習しておくことが大切である。

また、ケンカ遊びはそのまま遊びのトレーニングになる。ゲームを始める前に、必ずイヌをコントロールした状況をつくれば（たとえばフセーマテなど）、ゲームへの期待でワクワク興奮しているイヌを、完全におとなしくしておける。また、ケンカ遊びのあいだに頻繁に短いタイムアウトを取り、ゲームにさまざまなトレーニングを挟む（とくにツケの練習とリコール）と、イヌは熱心に迅速に反応しようという気になる。また、ゲームを止めたときは、遊びの再開がきちんと指示に従ったことへのごほうびになるという点を、憶えておいていただきたい。

起こりうる問題

A. 咬みつく力の抑制を教える前に甘咬みを止めさせてしまう

咬むことを完全に止めさせようと子イヌに罰を与えるのは、よくある間違いである。その子イヌは、罰を与えた相手に甘咬みしなくなるだけで、逆にイヌをコントロールできない子どもなどに、さかんに甘咬みするようになってしまう。さらに悪いことに、親たちは自分が甘咬みされないものだから、子どもがつらい目にあっていることにまるで気づかないことが多い。しかしこれはまだ良いほうで、最悪の場合、子イヌはまったく人間を甘咬みしなくなる。こうなると、咬む力の調節の学習がそこでストップする。何もなければ問題ないが、だれかが間違って尻尾を踏んでしまったとき、咬みつきの抑制ができないイヌは、皮膚を突き破るほど咬みつくことになる。

B. 咬みつかない子イヌ

シャイなイヌは、他のイヌやよく知らない人とめったに遊んだりしない。そのため、咬みつき遊びもせず、結果として咬む力の調整について何も学ばない。典型的な事例として、子イヌのころに甘咬みも咬みつきもせず、成犬になってからも一度も人間に咬みついたことのないイヌが、骨をしゃぶっているときに、見知らぬ子どもが偶然つまづいて倒れかかってきたので咬みついたということがある。それもただの咬みつきではない。生まれて初めての咬みつきで、力を抑制できず、深い傷を負わせることになる。シャイな子イヌこそ、社会化が非常に重要なのである。その際、社会化のタイミングが決定的な要素となる。子イヌは生後すぐに社会化される必要があり、生後18週齢までには遊び（と咬みつき）を始めていなければならない。

飼い主に対して非常に忠実な犬種がある。このようなイヌは、結果として、他のイヌや見知らぬ人からかなり距離を置きがちになる。家族への甘咬みや咬みつきを自制するイヌもいるし、最初からまったく甘咬み

をしないイヌもいる。そうすると咬む力の抑制を学習しない。同様に、一部の猟犬などは、幼犬期の甘咬みが極端に弱く、そのため咬むと相手を傷つけるというフィードバックを一度も受けられない。子イヌがあまり甘咬みや咬みつきをせず、ときおり強く咬むことがあるというのは危険信号である。その子イヌには限界を教えなければならない。それには、発達段階の途中で限界を超えた咬み方をさせ、それに対して適切なフィードバックを与える必要がある。他のイヌとたくさん遊ばせることで、甘咬みの習慣をつけ、必要なフィードバックを受けさせるのである。

ものを守る

　イヌはいったいなぜ、骨やオモチャや食器を守らなければと思うのだろうか。飼い主たちがひそかにイヌの食べものや持ちものを盗もうとたくらむ……などということはあるはずもないのに。ではなぜイヌの食器のまわりでは問題が起こるのだろう。それは、イヌがイヌだからである。イヌが「すまないけど、ドッグフードを少し分けてくれない？　明日返すからさ」などと言うはずがない。

　人間はイヌの大切な持ちものを盗もうとしたりしない、ということを知ってさえいたなら、イヌはものを守る必要などなくなるだろう。そこで、問題を解決するには、飼い主がこの点をイヌに対してはっきりさせておけばよい。一時的に食べものやイヌの大切な持ちものを口から奪わなければならない状況というのはあるし、子どもとイヌと骨が同時に同じ場所に集まってしまう状況もあるのだから。

　食事を与えたら放っておいて、イヌに独りで食べさせるという間違いを習慣化している飼い主がたくさんいる。食事中にはイヌに近づかないようにと、周りの人、とくに子どもには注意が与えられる。この注意自体は正しく、必要なアドバイスに思えるかもしれないが、このやり方で

は、ものを守るための攻撃性の発達を十分に抑えることはできない。それどころか、イヌに独りで食事をさせていると、ますます自分のものを守ろうとするようになる。このような食事の仕方をして育つと、その環境に慣れてしまい、食事を邪魔されたとき、とくに乱暴な子どもに驚かされたり、うんざりするような妨害を受けたりしたときに、ひどい反応をしたとしても不思議ではない。イヌには、食事中に人がそばにいても、耐えることを教えなければならないが、それだけでなく、食器の近くに人がいることを心から期待し、歓迎するところまで教える必要がある。

　子イヌが家で初めて食事をするときから何回か、一緒にそばに座っていれば、それから何年も続く互いの信頼関係の基礎が築かれる。食器を抱え、ドッグフードをつかんで手から与えることで、子イヌはただちに、食器の近くに飼い主がいることについて良い感情を抱く。さらに、食事どきに一緒にいることで、ハンドリングとジェントリングの練習をする理想的な機会が作れるのである。

　食器からドライフードを食べている子イヌの横に座り、ときおり手でチキンのかたまりを差し出す。すると子イヌはこう考える。「さっきまでチキンはなかったのに、どうしたの？　まっ、わかんないけど、人間がいつも一緒だといいな！」

　分割給餌、つまり食事を何回かに分けて与える方法も、食器に近づく人間に対して良い感情を抱かせる有効な手法である。

　まず食事の量を量り、カウンターの上の容器に入れる。次に、いつもの食器を空のまま床に置いて待つ。子イヌは食器のにおいをかいで「ねえ、空っぽじゃない？　食べ物持ってきてよ！」と、飼い主に食器に近寄ってきてほしいと思うようになる。そこで、ドッグフードを1粒手に取り、食器のなかに落とす。いったん遠ざかり、子イヌが、もう一度来てとせがむのを待つ。これを6回繰り返す。このちょっとした「前菜」のあと、ドッグフードをひとつかみ片手で食器に入れ、もう片方の手でお

第 1 章 ●●● 気質トレーニング

いしいトリーツを与える。1歩下がり、すぐに戻って、まだ子イヌがドッグフードを食べているあいだに、もう1つトリーツを与える。これを何度も繰り返すと、子イヌはほどなく、人間が近づいてきてそばにいるということは、「食事がグレードアップする」ことだと学習するのである。こうして子イヌは、食事中に人間がそばに来ることを強く期待するようになる。

　子イヌの食事の途中、ドライフードを半分ほど食べた頃合いで「ありがとう」と言って食器を取り上げ、肉汁たっぷりの缶詰のドッグフードのかたまりをいくつか入れてやる。「ああ、だから食器を取り上げたんだ。デザートを入れてくれるためにね」とイヌは考えるだろう。家族が食器の近くにいてもすっかり安心できるようになったら、今度は家族以外の人と練習する番である。食事を何回かに小分けにし、それぞれの回ごとによその人にバトンタッチして、今説明した方式で子イヌに食べ物を与

ときおり特別なトリーツを手で与えると、イヌは食事どきに人間がそばにいるのを歓迎するようになる。

えてもらう。子イヌは、見知らぬ人が食器の近くにいることに耐えるだけでなく、その人に早く来てほしいと思うようになる。言ってみれば、こんな感じである。「あいつはいったい何をしているんだ？　急いで次の皿を持って来いよ！」

　子イヌが大切にしているものに近寄る人間に関しても、同じようにして子イヌの自信をつけさせてやる。それほど価値のないもので「オフ」「取れ」「ありがとう」のトレーニングをしてから、骨や嚙むオモチャで練習をする。子イヌに骨か嚙むオモチャを見せ、「オフ」と要求する。しばらくしてから「取れ」と言って、またしばらく嚙ませる。次に「ありがとう」と言いながら片方の手で肉汁たっぷりのステーキを与え、別の手で骨やオモチャを取り上げる。子イヌがステーキを食べ終わったら骨を戻してやる。これを何度も繰り返すと……。「人間て変だね。おいしいトリーツや肉をたくさん気前よくやっちゃうんだもん。太っ腹すぎるよ。それに僕が肉を嚙んでるあいだ、骨を持っていてくれるんだ。親切だね。そのあと骨は返してくれる。やりすぎだよ。人間はイヌをだめにしちゃうよ。もちろん、僕は人間が大好きだけどさ」。

　子どもでこの練習をするときには、まず子どもと一緒にいることを楽しめるよう子イヌに教える。子イヌの食事中に横に座り、子どもに部屋に何度も出入りさせる。子どもが部屋のなかにいるときに子イヌをほめ、おいしいトリーツを与える。子どもがいないときは子イヌを無視する。子イヌが子どもを歓迎し、楽しい時間とおいしいトリーツを子どもと結びつけて考えるようになったら、今度は子どもにトリーツを与えさせてよい。最初は食器を片付けておいて、子どもに子イヌを呼ばせて手のひらからトリーツを取らせる。子どもがうまくオイデ、オスワリ、フセをさせられるようになったら、注意深く指導しながら、子どもに食器を使った練習をさせる。まず子どもに、子イヌがドライフード入りの食器のところから自分のいるところに来るよう呼ばせて、やってきたら、とてもおいしいトリーツを与えさせる。たとえばシチメンチョウ、ステーキ、

フリーズドライのレバーなど。トリーツを与える前にオスワリをさせるようにする。子イヌが即座に嬉々としてやってきて、子どもの前でオスワリをし、トリーツを受け取るようになったら、今度は慎重に指導しながら、子どもが子イヌに近づいてトリーツを与えるようにするとよいだろう。こうした練習を通じて、子イヌはすぐに、子どもが部屋にいたり、近づいてきたり、自分に触ったりすると食事の中身が良くなると学習する。

　このトレーニングでトリーツを使う最良のタイミングは、噛むオモチャや骨を噛んでいるときか、食器からものを食べているときである。そうすることで、人間に対する子イヌの見方はガラリと変わる。人間の手は何かを取り上げるものではなく、何かをくれるものだと学習するのである。とくに子どもの手からは、いちばん良いものを与えるようにする。実際、子どもがトレーニングするときには、できるかぎり最高のものを使う。シチメンチョウ、ラム肉、フリーズドライのレバーなど、効果のあるものならなんでもよい。おいしい料理の残りものや、いただきものがあるときは、冷蔵庫にとっておいて、子イヌが食事をしているときや、一生懸命オモチャを噛んでいるときに子どもに与えさせるようにする。また、子どもから食べ物を与えるのは、定期的に行う（必ず指導しながら）。子イヌは本当にすぐに、子どもの存在と子どもがくれる食べ物を楽しみにするようになる。

人間と子イヌのパピーパーティー

　子イヌに、安全な環境でいろいろな人と出会う楽しい機会を与えるには、リードを使わない子イヌのしつけ教室と、パピーパーティーが最もお勧めできる。こうした社会化の集まりは、子イヌに効果的にプルーフィングを行う機会となる。子イヌは、しつけ教室で起こるさまざまなこ

とには慣れたし、もうそれ以上に変わったことなど現実には起こらないと考えるようになる。

　子イヌが予防注射をまだ全部受けていないうちにパピーパーティーをするときには、来客には衛生管理手順を守ってもらう（玄関で靴を脱ぎ、子イヌに触る前に手を洗う）。パピーパーティーは、週に1、2回、親戚や友人、隣人を招いて子イヌに会わせる。考えてみると、ふだんイヌが吠えると苦情を言ってくるのは、あまり仲の良くない隣人で、そもそもイヌをいじめて吠えさせているのは、たいていそこの家の子どもたちである。パピーパーティーを行う第一の理由は、子イヌに見知らぬ人や子どもとの出会いの機会を与えることだが、これは近所の大人や子どもたちに、この子イヌを知ってもらう場にもなるのである。友人のイヌが吠えるといって文句を言う人はあまりいない。子どもも、よく知っていて好

SIRIUSパピートレーニングのインストラクター。ワークショップで行われたパーティー。

きなイヌは、いじめないものである。

　子イヌの食事用のドッグフードの量を量り、それぞれの来客にビニール袋に分けて入れる。来客はそれをトレーニング中のルアーやごほうびとして使う。子イヌはこの日の夕食を、知らない人の手から食べることになる。来客に、順番にフードの粒を出してもらう。最初の1粒は、子イヌは何もせずにもらえる。「こんにちは、おちびちゃん。はじめまして。お近づきのしるしよ！」

　けれども、2粒目をもらうには、オイデとオスワリをしなければならない。3粒目はオイデ、オスワリ、フセだ。友人たちには、食べ物のルアーとごほうびを使った子イヌのトレーニング方法を指導しておく。何度か繰り返すうちに、子イヌは見知らぬ来客が近づいてくると、自分からオスワリをするようになる。初対面の人へのあいさつとしては、悪い方法ではない。飛びつくよりも、そして飛びついたことで叩かれるよりも、はるかにマシである。

　来客には「子イヌ抱っこ」ゲームをしてもらってもいいだろう。1人ずつ順番に、子イヌを抱っこしては隣の人に渡していく。まず子イヌにフードを1粒与え、片方の耳をのぞいて、もう1つ与え、もう片方の耳をのぞいて3つ目のフードを与える。口を開けて4つ目、脚をさわって5つ目、お尻を触ってもう1つ与える。そして次の人に子イヌを手渡す。

　そのあとのパーティーでは、友人たちに仮装をしてもらったり、変わったものを持ち歩いたり、少しばかり奇妙な振る舞いをしてもらうのもいいだろう（頼まなくても始めからそんな友人もいるかもしれないが）。こうした奇妙で不思議な人と一緒にいられたら、そのつど子イヌにごほうびを与える。見知らぬ人が知り合いになり、ついには親友になるまで、時間はかからない。子イヌは見知らぬ人に耐えることを学んだだけでなく、奇妙な連中に近寄られ、触られることを楽しみにすることを学んだのである。今後、子イヌが公園に行ったり、動物病院やグルーミングショップ、ドッグショーでだれかにハンドリングされたりするときに、こ

のパーティーで学んだことが役に立つ。今後、実際に子イヌが、このときのパピーパーティーで経験した以上の奇妙な状況に、ぶつかる可能性はほとんどない。

　トリーツは、知らない人に対して子イヌを社会化させる際に重要なアイテムとなる。ある子イヌが飼い主が大好きだからといって、他の人も好きだとは限らない。同様に、知らない人にほめられたりかわいがられたりしても、子イヌが喜ぶとは限らない。実際、知らない人にほめられたりかわいがられたりするのは、多くのイヌにとって、軽いストレスだったり、わずらわしかったり、恐ろしい以外の何ものでもなかったりする。これに対して、トリーツは子イヌを知らない人に近づけさせるルアーとして有用であり、いったんごほうびとしてトリーツを受けとったなら、イヌは知らない人を好意的に見るようになる。

　トリーツは、男性が子イヌをトレーニングするときのごほうびとして使用すれば、とくに効果を発揮する。というのは、男性のどら声が子イヌを怖がらせることがよくあるからである。食べ物のごほうびほど効果的なものは他にない。また子どもも、食べ物のルアーとごほうびで、うまくイヌをコントロールできる。子どもたちにパピーパーティーに来てもらうのはとても大切である。同じ理由で、家族全員がしつけ教室に通うことを強く勧める。つまり、子どもたちを教育して、子イヌたちを教育する。その両方を目的として。

子どもを教育する

　イヌのコントロールのしかたは、子どもを含めた家族全員で学ぶ必要がある。ルアー・ごほうびトレーニングを使えば、5歳の子どもでも、小さくてすばしこいイヌでも、大きくて力の強いイヌでも関係なく、上手に扱えるようになる。子イヌと子どもは楽しく遊べるが、成犬と子どものあいだにはしばしば問題が生じる。次のような単純なルールを守れば、悲劇を避けられるだろう。

第1章 ●●● 気質トレーニング

　まず最初に、必ず子イヌが遊びたがっているかどうかを確認する。それまでは、絶対にだれにもイヌと交わることを許可してはならない。

　子イヌと遊びたい人は、オイデとオスワリを言ってみる。子イヌが近寄ってきてオスワリをしたら、その人は遊んでよい。オスワリをしなかった場合は、決してその人に子イヌと遊ばせてはならない。この人は子イヌをコントロールできず、あとで必ず子イヌに罰を与えるような始末になるので、子イヌに対しても、飼い主に対しても望ましくないからだ。

＊上記のルールは大人、子ども、男女を問わず適用される。家族みんなで子イヌをトレーニングするのは、家族、友人、来客など全員に、イヌのコントロール法を学んで欲しいからだ。子イヌのコントロールのしかたを知らない人、とくに子どもと男性は、よい子イヌをあっという間にダメにしてしまう。

子イヌを教育する

　イヌと子どもがいる家庭なら、子どもに子イヌの近くでの振る舞い方を教え、子イヌには子どもの近くでの振る舞い方を教えることが大変な仕事であることはよくご存じだろう。しかし、子どもがいない家では、イヌに子どもの近くでの振る舞い方を教えるのは、さらに難しい仕事となる。子どものいない家で飼われている子イヌはたくさんいる。こういう子イヌは、その家族にとっては素晴らしい癒しの存在になりうるが、子イヌの発達という点では悲惨である。子どもと定期的に楽しく接触することなく育った子イヌは、まず、起こりうる出会いに対応する力を身につけることはない。まして、不愉快でストレスに満ちた子どもとの生活に耐えられるはずがない。一般に、子どもがすることはすべて——叫ぶ、金切り声を上げる、抱きつく、引っ張る、つつく、走る、ぶつかる——はイヌをいいようにも悪いようにも興奮させる。子どもがイヌのそばでどう振る舞うかを学ぶのが大切なのと同じように、イヌが子どもの近くでどう振る舞うかを学ぶことも大切である。そして、これを学ぶの

テレビ番組『サンドッグズ』のパイロット版の収録中、トビーに催眠術をかけようとするジェイミー（あるいは逆か）。

は、幼犬期が最も適している。

　子どものいない家では、何人かの子どもに頼んで来てもらい、子イヌと一緒に、非常に大切なこれらの練習を"早く"行う必要がある。生後4ヶ月齢でもすでに遅すぎるが、生後5ヶ月齢にもなってしまったら、もうどうしようもない。時期が肝心なのである。攻撃行動につながりかねない芽は、発達する前に摘み取らなければならない。

　パーティーの来客にドッグフードの袋を配るとき、子どもたちには、たとえばフリーズドライ・レバーの粉がかかったドライフードとか、チーズのかけら、肉片といった子イヌが欲しがるものを多めに入れた袋を与えるようにする。子どもひとりひとりに、子イヌの1〜2メートル前まで近寄らせ、トリーツを床に落とさせる。子イヌがトリーツのところにやってきたら、少し後ろに下がって、手のひらにトリーツを乗せてイヌの前に差し出させる。つまり、子イヌと子どもの最初の会話は、「僕は子どもだよ。トリーツあげるよ」というものになる。最初の出会いから受ける印象はきわめて重要である。子どもたち全員が、

最初の2つのトリーツを与え終わったら、子イヌに近づいて、3つ目のトリーツを差し出させる。そのあと、トリーツを与えながら、なでてかわいがるようにさせる。

　これができたら、次にルアーを使ってオスワリをさせる方法を子どもに教える。たいていの子イヌは、ハンドシグナルを学んだときに食べ物のルアーとごほうびの組み合わせに慣れているため、すぐにオスワリをする。子どもが近づいてくるのを見るだけで反射的にオスワリをする子イヌもいるかもしれない。これほど素敵なあいさつのしかたはない。オスワリをしているときは、当然飛びかかることもできないのだから。

　子どもたちは、子イヌをコントロールできるようになり喜ぶ。子どもの自尊心を育てる素晴らしい体験である。見守る親のほうも、未熟ながらも子どもが身につけたトレーニング・スキルに心から感激するものである。飼い主も、まもなく若年期を迎えるイヌが、子どもたちとの相性が良く従順であることに、内心ほっとしている。そして子イヌ自身も有頂天になっている。何しろ、「オスワリ」こそが子どもたちを立ち止まらせ、トリーツをもらえる秘密のコマンドであることを、とうとう発見したのだから。

　イヌが子どものオイデとオスワリに応えるようになったら、そこからたくさんのことが分かる。第一に、そのイヌは子どもに近づきたがっているのだから、子どもがそばにいることを喜んでいる。第二に、その子どもは力づくではなく、頭でイヌをコントロールできる。第三に、そのイヌは子どもにコントロールされることを学んでいる。つまり、子どもに言われてオイデとオスワリをするということは、そのイヌは、従順さを証明しているわけなのである。

オメガ・ロールオーバー

　「バン（Bang）」というコマンドを使い、子イヌにロールオーバーでマ

テを教える。オメガロールオーバーというのはつまり、横向きまたは仰向けに転がった状態でするマテである。子イヌが仰向けになったら、子どもはトリーツを与えたり、お腹をなでたりするとよい。また、鼠蹊部(そけいぶ)を掻くと、たいていのイヌは後ろ脚を上げてお腹をさらすのでお勧めである。これは、イヌが完全に服従したことを示す典型的な姿勢である。ここに、たった2歳の子どもが体重40キロの成犬に絶対的な敗北の姿勢を示させるという、きわめて特殊な状況ができ上がる。しかもこのイヌは喜んで、自ら進んで従っているのである。実際のところ、イヌに服従性を教えるのにこれ以上の方法はない。

オメガ・ロールオーバー。イヌのコントロールとお腹の検査に適している。

子イヌ同士のパピーパーティー

　子イヌが予防注射をすべて終えたら、パピークラスに入れて、リードなしで社会化を教える時期である。教室のコースは、(1) 子イヌが、さまざまな人と楽しく交わり遊ぶ。(2) 飼い主が、気を散らしているイヌのコントロール法とオビーディエンス・トレーニングを学ぶ。(3) 子イヌが社会化され、他の子イヌと遊ぶ。幼犬期に、他の子イヌと遊ぶ機会をたくさん持ったイヌはたいてい、成犬になっても他のイヌから隠れたり争ったりせず、一緒に遊ぶようになる。

　パピークラスの遊びのセッションでは、子イヌ同士のあいだに起こりうる問題が、飼い主の目の前で解決されていく。恐がりの子イヌやケンカ好きな子イヌも、1、2回のセッションで他の子イヌたちと遊ぶようになる。しかし、生後5、6ヶ月齢の若年期までそのままにしておくと、問題を解決するのに数ヶ月かかるだろう。さらに、生後6ヶ月齢以上になれば、1年、2年という時間がかかる可能性もある。繰り返すが、時期が肝心なのである。とにかく子イヌのうちにしつけ教室に入れること。

　近くに、リードなしでトレーニングするパピークラスや社会化をさせるしつけ教室がないときは、自分で必要な環境を作ると良い。かかりつけの獣医師に頼んで近くの子イヌを紹介してもらい、いつものパピーパーティーに招待して、プレイグループに参加してもらう。あるいは、毎週違う子イヌの家に行くとさらに良い。このちょっとした努力により、楽しみながら、将来起こりうる恐ろしいできごとを予防できるのである。

　子イヌは、リードを付けずに遊んで（ケンカ遊びや咬みつき遊び）、咬みつきの抑制を身につけていく。うまく社会化された成犬でも、ときにはケンカをすることがある。この点では、イヌも人間もそう変わらない。一度も言い争いをしたことがないと本心から言える人など、ほとんどいないはずである。とはいえ、人に重傷を負わせたり、殺してしまったり

したことがあるという人もまた、ほとんどいない。イヌ（とくに雄イヌ）も同じで、絶対にケンカをしないことを期待するのは、どう考えても現実的ではないが、相手にケガをさせずに仲直りするすべを身につけさせるのは、いたって現実的である。やはり、咬みつきの抑制なのである。

　子イヌの遊びの第一の目的は、相手に大ケガを負わせるほど咬む力が発達する前に、咬む力の抑制を学ばせることにある。これらの社会的スキルは、幼犬期の早いうちに身につけなければならない。確実に咬みつきを抑制できる成犬なら、ケンカが起こっても、容易かつ安全に問題を解決できる。しかし、咬みつきの抑制をきちんと身につけていなくて、他のイヌにケガをさせるイヌには、自分で解決させるわけにはいかない。この場合、問題の解決は時間がかかり、危険を伴うことだろう。その成犬はあらためて社会化させなければならないが、安全に社会化を進めるために口輪を付ける必要もある。

第 **2** 章

行動の修正

マックスの悲劇

　マックスは地下室で飼われていた。一階から子どもたちが降りてくると、マックスは狂ったように飛びかかり、子どもたちを押し倒した。マックスをつかまえて地下室に閉じ込めるのは、両親にとってもひと苦労で、一度は、力づくで地下室に戻そうとする飼い主に、うなり声を上げて抵抗さえした。

　飼い主は、マックスに新しい飼い主はいないか、もっと家に余裕があって、イヌの相手をする時間のある人はいないかと探し始めた——田舎の農場で暮らす老夫婦ならば理想的だ。

　しかし現実には、あるかどうかも分からない農場で、マックスがやさしい夫婦と余生を過ごせる可能性はほとんどなかった。もう一つの可能性は、地域の動物愛護協会で新しい飼い主にもらわれることだが、かわいがってくれるやさしい里親に出会う確率は、やはり低かった。見捨てられるイヌはあまりに多く、8割以上が安楽死させられるのである。しつけが不十分で、乱暴で手に負えないとされたマックスの場合、安楽死の可能性はさらに高かった。実際マックスは、排泄のしつけができておらず、噛み癖や穴掘りや吠え癖などの悪い習慣もあった。

　とうとうマックスは、自分の農場を見つけた。空の上にある大きな農場で、永遠の平穏を見出したのである。——なぜこうなってしまったのだろう。

　マックスの悲しいながらもある意味当然とも言える運命は、何百万、何千万頭というイヌたちの物語である。生まれて1歳の誕生日を迎えられるイヌは、アメリカでは半分もいない。アメリカ国内の愛護協会だけで、年に約2000万頭のペットが安楽死させられているのが実態なのである。つまり、1.6秒に1頭が死んでいく。これはたいへんな問題であり、マックスの短い一生についても多くの疑問を投げかける。

■　そもそもなぜ、マックスは地下室に閉じ込められたのか？
　庭に出しておくと、ところかまわず掘り返したり、ひっきりなしに吠えて近所から文句が出たりして、家にだれもいなくなるときには外に出せなかったのだろう。もちろん、異常に掘り返したり吠えたりすることになったのは、マックスが長時間、外に放っておかれたからなのだが。

■　ではなぜマックスは外に放っておかれたのか？
　おそらく、だれもいないときに室内で自由にさせられなかったからだろう。こっそりきわどいテレビ番組を見るかもしれないから？　そうではない。ところかまわず噛んだり、排泄をしたりするからである。そうすると、結局問題は排泄のしつけということになる。

■　なぜマックスは排泄のしつけを受けていなかったのか？
　飼い主の頭が足りなかったから？　そうとは限らない。おそらく飼い主は、排泄がどれほど容易にしつけられるかということを知らなかっただけなのだ。イヌに排泄のしつけをしよう。そうすれば、もう一度家のなかで一緒に暮らせるようになるかもしれない。
　排泄のしつけの問題は単純だが、たいていここから悪循環が始まる。問題が悪化すると、閉じ込められる時間は長くなり、事態はますます悪化する。イヌがいろいろなものを勝手に噛んだり、好きなところで排泄したりするのは、飼い主が、噛んでほしいオモチャや排泄してほしい場所をきちんと教えていないからである。裏庭に閉じ込められたイヌが不思議なことに自分でちゃんと排泄できるようになりました、などということはありえない。逆に、何でもかんでも噛むようになったり、ところかまわず排泄したりするようになる。また、長い時間、戸外に放っておかれると、そこらじゅうを掘り返したり、必要もないのに吠えるイヌになる。あわれなマックスもそうだった。必然的に近所から苦情が出て、マックスは地下室に独りぼっちで閉じ込められることが多くなり、そこ

を手当たり次第にメチャクチャにしていった。

　イヌは高度に社会的な動物である。家族から隔離されていると、社会的な交わりに対する欲求が高まり、家族を目にしたとき興奮しやすくなる。結果として、家に入れたときにはコントロールできないほど暴れるので、結局家に入れてもらえなくなる。もちろん、かわいそうなマックスは、だれかが外に出てきたときには、気も狂わんばかりに喜んだ。飼い主に会えることがあまりにも嬉しすぎる。これがマックスの問題だったのである。

イヌである以上避けられないこと

　閉じ込めても、根本的な問題の解決にはならない。問題行動を解決するほうが、はるかに生産的な考え方である。

　子イヌが家のルールを覚えるまでは、いたずらをさせないよう、一時的にどこかに閉じ込める必要があるかもしれない。だが、いったん家のルールを教えたなら閉じ込めておく必要はなくなる。閉じ込めておくのは、イヌが信頼できるようになるまでの一時的な措置で、問題の解決ではないのである。

　イヌはイヌであるということを、飼い主は認める必要がある。イヌにはイヌとしてしなければならないことがある。ものを噛むこと。穴を掘ること。吠えること。排泄すること。飼い主にあいさつすること。これらはみなイヌとして正常で必要な行動である。こういったイヌらしい行動を一切させないなどということは、不当だし不可能な試みと言えよう。イヌにしっぽを振るなと言うのと同じくらい馬鹿げた話である。

　ここで、罰を中心としたトレーニング法はあまり効果がなく、効率も良くない。罰で解決する問題よりも、罰のせいで起こる問題のほうが多くなりがちである。それでも人間の性として、良い面には目をつぶり、悪い面ばかりを嘆き悲しむということがあるようである。イヌに対しても、してほしいことを教えるよりも、間違いをしたときに罰するほうを

選びやすい。そもそもイヌにルールを教えないでおいて、そのルールを破ったと言って。昨今「トレーニング」と称されるものは、イヌの間違いに罰を与えるものでしかなくなっている。残念なことに、罰によるトレーニングは、イヌが間違った振る舞いをしたときに毎回罰しないと効果が得られない。イヌが一度でも罰を「逃れる」機会があると、すべてが水の泡になる。なぜなら、イヌは自分の振る舞いが不適切だと学ぶのではなく、飼い主がそこにいるときにそういう振る舞いをするのはまずい、と学習するからである。こうしてイヌは、罰と飼い主とを結びつけて認識するようになる。これは罰中心のトレーニングが陥る落とし穴の一つだが、問題はそれだけにとどまらない。

イヌはイヌとして、せざるをえないことがある。しかし当然、飼い主の前で「間違った振る舞い」をして理不尽な怒りを買うつもりはない。そこでイヌがとれる唯一の選択肢は、飼い主が不在のあいだにそのような振る舞いをするということになる。つまり、飼い主不在時の問題行動は、飼い主自身が生み出しているのだ。勘違いしている多くの飼い主は、自分の不在時の問題は、自分がいないことによる分離不安の結果であると考えがちだが、それはまったく逆で、問題の根は「分離快感」にある可能性が高い。イヌは飼い主が家を出て行くのが待ちきれないくらいなのだ。やっと安心して、イヌらしく振る舞えるからである。

また、よほど愚かなイヌでないかぎり、飼い主の前で間違った振る舞いをすることはないため、飼い主が再び現場を押さえられる可能性は低い。こうして、罰を中心とした「トレーニング」計画は、間違いなく有効性ゼロに近づいていくのである。

それでも、人間はイヌを好き勝手にはさせておかない。飼い主の留守中に何をしてもそのときに罰を受けないからといって、そのイヌがまったく罰を受けないということにはならない。人間は愚かなことに、帰宅後にイヌを罰するのである。何ということだろう。こうなるとイヌは、ご主人が帰ってきたら玄関で手ひどく虐待を受けるのではないかという

ジムの家の惨状

不安を抱いたまま一日を過ごすことになってしまう。いっぽうでご主人に会いたいと強く願いつつ、もういっぽうで帰ってくるのを恐れる。パブロフはこの事態を見事にこう名付けた――心的葛藤。おそらくイヌはこんなふうに思っていることだろう。「わからないな。ご主人さまはたいていのときはいい人なんだけど、ときどきいきなりわけもなくボクを責めるんだ。特発的攻撃性というやつがあるんじゃないだろうか」。

こうなったかわいそうなイヌにはストレス症状が現れる。頻尿、下痢、落ちつきをなくし習慣になっている行動が増えるなどである。つまり、勘違いした飼い主の「治療」が問題を悪化させるのである。実際、治療が原因となって、走り回ったり、狂ったように噛んだり、掘ったり、吠えたり、家のなかで排泄したりするイヌはいる。そうした卑屈な行動はふつう、企みごとの兆候と見なされ、飼い主が帰宅したとき、さらに激しい罰を受けることになる。

イヌにイヌらしい行動をさせないという無意味な努力をすると、トレ

ーニングは果てしない叱責の連続へと化してしまう。飼い主の気持ちは、次はどうやってイヌを罰しようかということばかりに向くようになる。「これに対してはどんな罰を与えようか？ あれは？ それは？」こんなことでイヌと人の関係が良くなるはずがない。イヌのトレーニング法としても効率が悪すぎる。

　思い出していただきたい。イヌの「間違った」振る舞いは数々あれど、「正しい」振る舞いはただ一つしかないのである。

　たとえば、イヌが排泄をしてはいけない場所はいくらでもある。一つの対処法として、間違った場所で排泄するたびに罰を与える方法があるが、これでは永遠に終わらない。もう一つの方法は、正しい場所を教えることである——始めから正しい場所を教える。このほうがはるかに時間がかからない。

　たいていのイヌは、叱責や、罰や、負の強化[*3]や、回避トレーニング[*4]や、嫌悪条件付け[*5]といった腹立たしい諸々のことにうんざりしている。飼い主たちは、十分にものを知らないのは、イヌだけではないかもしれないと考えたことはないのだろうか。合理的な、見せて教えるルアー・ごほうびトレーニングを少しやってみたらいかがだろうか。単純に、問題行動の解決を試みるのである。そうすれば、仕事に疲れて家に帰ったときに、いくらでもイヌを抱きしめてやれるのだから。イヌの正常な行動を厄介で不適切だと考えるのは飼い主だとしたら、イヌは家庭でどう振舞ったらいいのかを教える責任もまた、飼い主の側にある。

　努力すべきこと。(1) 起こりうる問題を制限し、さしあたり面倒な結果が起こらないようにする。(2) イヌの自然な活動を別の問題のない方向に導いてやる。(3) 適切に振る舞えたら、ごほうびを与える。最も大

---

*3　何か不快感を伴う結果を避けようとして、期待される反応をするようになること
*4　嫌悪刺激を予防するような反応を遂行させるトレーニング
*5　不快な条件刺激を思い出すことで、好ましくない欲求を抑えるように条件付けすること

切なのは、イヌとのあいだで現実的な妥協点を見出し、互いに満足できる生活状況を確立する努力なのである。

　ごほうびトレーニング・プログラムを採用すると、そもそもイヌに罰を与える必要はほとんどなくなる。有効なトレーニングであれば、どんなプログラムでも（行動トレーニング、気質トレーニング、オビーディエンス・トレーニングのどれでも）必ず、正しいことをしたらごほうびを与えるという方針が確立している。イヌが間違いをしたときにどのくらい腹が立つかを考え、イヌがちゃんとやったときには、そのつど、その10倍の熱意を込めてほめてやるのである。

　初めのうちは、イヌの生活環境に手を加えて、間違いをおかしようがない状況を作ってやる。力づくで従わせるのではなく、頭を使ってイヌを導き、自ら成功するように手助けしてやれば、トレーニングはより簡単で、効率よく、効果的で、楽しくなる。人間の言うやり方でやってごちそうをもらうか、自分のやり方でやって何ももらわないかという選択になったとき、たいていのイヌはすぐに人間と組むほうを選ぶ。この原理を実践に応用する好例が、排泄のしつけである。

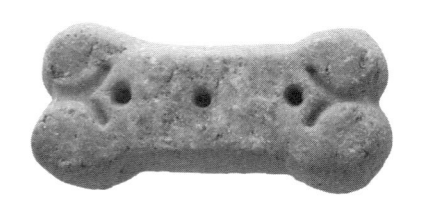

排泄のしつけを成功させる秘訣

排泄のしつけ

　飼い始めたばかりの子イヌの排泄のしつけでも、成犬になってからの排泄問題の解決でも、やり方に変わりはない。(1) イヌが間違い(不適切な場所での排泄など)をしないようにする。(2) 排泄をする正しい場所、正しいときを教える。(3) 正しい場所でしたときは、ごほうびを与える。(4) そしていちばん大切なこととして、正しく排泄したときにごほうびが得られるということをイヌにしっかりと教える。

1．間違った排泄をさせない

　家のなかで初めてウンチをしてしまったとき、それは悪い前例になる。間違いを繰り返させると、悪習はすぐに強化され、ますます解消しにくくなる。そのため、排泄のしつけでいちばんの優先事項は、まず、子イヌに間違いをさせないことである。とくに子イヌが家に来てからの数日が勝負である。最初に排泄をした場所は、その後ずっとお気に入りの場所となる。

　飼い主の寝室で排泄する——それも毎日！——という例も珍しくない。といっても、飼い主がちょっと「気を抜いて」子イヌにたまに不始末をさせてしまうというのはしかたがないだろう。ただ、毎日というのはいけない。寝室のドアは閉めておくこと。それから排泄のしつけをする。常識からしても、排泄のしつけができるまでは、家のなかを自由に走り回らせてはならない。子イヌから目を離さなければならないときは、一時的な手段として、どこかの部屋か、庭の囲いのなかに入れておく。

　「長時間用の居場所」に入れておく場合、その目的は問題を一定の範囲にとどめることにある。飼い主も、子イヌがそのあいだに必ず排泄したくなることは認識しており、そのため閉じ込める部屋はオシッコやウンチをされても困らない場所にする。床に新聞紙を敷き詰めてもよい。す

ると子イヌはすぐに、そういった部屋の紙の上で排泄することを好むようになる。もちろん、いずれはこの習慣を断ち切らせ、排泄は必ず外でするようにトレーニングする必要があるが、子イヌを家のなかで放し飼いにして、飼い主は忙しくてかまっていられない場合には、当面こうすることで、子イヌは排泄が必要なときに少なくとも馴染みの場所を見つけるだろうし、家の被害も最小限にとどめられる。

2. 適切な行動を教える

　排泄のしつけほど、トレーニング方法の良し悪しが効果を左右するものはない。イヌが正しく反応したときには何もせず、間違いをするたびに罰を与えていると、排泄のしつけは永遠に終わらない。子イヌが排泄に選ぶ場所はそれこそ何百もあり——そのすべてが絶望的に不適切な場所なのだが——そのつど飼い主は罰を与えていかなければならない。排泄のしつけの罰は、極端に厳しいものになりがちなことを考えると、これはむごい方法である。いっぽう、「正しい場所」は一つしかないのだから、それを秘密にしておくことはない。すぐにイヌにその場所を教えよう。

3. ごほうびを与える

　排泄のしつけの95パーセントは、正しい場所で排泄したイヌにごほうびを与えることで成り立っている。定期的にトイレに連れて行き、終わったらほめてあげれば、問題は直ちに解決する。

　理屈としては見事な解決法に思えるが、実行に移す段階になると、ひとつ欠点がある。適切な場所に連れて行くためには、イヌが排泄しようとするタイミングを前もって知らなければならないのだ。どうすればいいのだろう。ここでもまた、居場所の制限が役に立つ。この場合は「短時間用の居場所」ですむ。よく使われる方法は、クレート・トレーニング、つなぎ止め（つなぎ紐で固定する）、プレース・トレーニング（ベッ

ドやバスケットや持ち運べるマットの上にイヌの動きを制限する）など
である。クレートは、ベビーベッドやベビーサークルのイヌ版である。
つなぎ止めは車のチャイルドシートの原理に近いもの、プレース・トレ
ーニングは、子どもで言えば、おとなしくしなさいと言われたらおとな
しく座っていられるようにするしつけに相当する。

　短時間、狭い場所に入れておくと、子イヌはそのあいだ排泄を我慢す
る。そのため、解放されるとすぐに排泄したくなる可能性が高い。つま
り、クレート・トレーニングの目的は、排泄のタイミングを予測するこ
とにある。そのタイミングで子イヌをまっすぐにトイレに連れて行き、
排泄したことをほめてやるのである。

クレート・トレーニング

　まず、子イヌをクレート（またはつなぎ止め）に慣れさせる。クレー
トの扉を開けたままにして、子イヌが好きなように出入りできるように
し、ときおりごほうびをクレートのなかに置く。すると子イヌは、クレ
ートが素敵な場所だと思うようになる。実際に、クレートのなかで食事
をさせるとよい。クレートに入るたびにほめてやり、クレートから出た
ら無視する。次に短時間、クレートの扉を閉めてみる。イヌをほめ、こ
の新しい隠れ家でしばらく過ごしたなら、特別にトリーツを与える。扉
を開け、さらにほめ続けるが、イヌがクレートを出た瞬間にほめるのを
止め、無視する。すぐにクレートはイヌのお気に入りの休み場所になる。
こうなったら、クレートが「短時間用の居場所」として使えるのである。

　長時間家を離れるときには、「長時間用の居場所」に入れておき、家に
いるときにはクレートに入れておく。クレートは持ち運びできるので、
飼い主がいるのと同じ部屋で、子イヌを閉じ込めた状態にしておくこと
もできる。こうして子イヌは、仲間はずれにされているとか、独りぽっ
ちとか感じずにすむ。また飼い主も、子イヌに注意を払いながら、子イ
ヌがおとなしくしていることや、噛むオモチャを噛んでいることを簡単

にほめることができる。

　1時間ごとに「外へ（Outside）」と言ってクレートの扉を開け、所定のトイレに子イヌを走らせ、そのまま3分待つ。1時間我慢したあと、トイレに走ってくるあいだに膀胱と直腸を揺らされた子イヌは、たいていそこで排泄する。子イヌがオシッコやウンチをしたら、大げさなくらいにほめてやる。ひざまずいて（膝をつく場所に注意）「おイヌ様、感謝します！　その素晴らしくも見事なパフォーマンスに！」と。

　そうしたら、30分ばかり家中を走り回ることを許してよい（もちろん目を離さないように）。そのあともう一度クレートに戻す。

　もし排泄しなかったとしても、大した問題ではない。そのままクレートに戻してまた1時間待ち、同じことを繰り返せばよい。

　クレート・トレーニングは非常に成功率の高い方法である。家を留守にするときにも、パピーシッターを呼んで排泄のしつけをしてもらうとよい。近所には、チビイヌの世話をしたがっている人のいい連中がいるはずである。イヌを飼いたいけれども、わけがあって飼えないお年寄りなどはいないだろうか。子イヌが家に来て最初の数週間で、こうした望ましい状態を確立することが大切なのである。

　成犬を再トレーニングするときにも、ドッグシッターは同じように貴重な存在となる。1週間続けてクレート・トレーニングをすれば、「問題」はもはや問題にならなくなる。

　何らかの理由でクレートを使いたくない場合は、原理的には同じ方法としてつなぎ止めとプレース・トレーニングが使える。つなぎ止めは、両端に留め金の付いたつなぎ紐を使う。片方の留め金を首輪に、もう片方を、壁の幅木やドアの枠、床板にネジ留めした環付きフックにつなぐ。このように部屋ごとに固定したフックを用意しておけば、居場所を変えるときにもイヌを連れ、マットを持って移動して、絶えずイヌに注意を払っていることができる。家のなかでもリードを使い、自分のベルトに結びつけておくほうが楽だと考える飼い主もいる。もちろん、子イヌの

ことをジッと見ていられる飼い主なら、テレビの前やコンピューターの脇、あるいはダイニングテーブルの下といった手頃な場所にマットを置き、ただ「落ちついて」と指示するだけでよい。

4．ごほうびのコツ

　家のルールを教えたら、次にそのルールを守る意義について教える必要がある。適切な場所で排泄をするたびに特別なトリーツを与える、というのがそのやり方である。ただ決められた場所に排泄物を落とすだけでトリーツをもらえることに気づいたなら、イヌはもう他の場所で排泄しようとはしなくなる。家中を排泄して回ったのでは、トリーツはもらえないからである。

　排泄のしつけでは、トリーツが非常に有効である。朝の6時、凍えるような雨のなかに立っているときは、ウンチをした子イヌをほめてやるどころか、微笑みを浮かべることさえ難しいだろう。そんなときに、トリーツは力を発揮する。イヌのトイレの近くには、いつでもトリーツ入りのビンを備えておくようにしよう。

　ごほうびの程度に差をつけてやると、排泄場所——イヌのトイレ——をピンポイントでしつけることもできるだろう。イヌがトイレのどのくらい近くで排泄したかにより、ごほうびの程度を変えるのである。まず、家の外でウンチをしたら、そのつどほめてやる。標的地点から5メートル以内なら、ほめてドッグフードを1つ与える。3メートル以内なら、「いい子だね！」とほめて、1回ポンとたたいて、ドッグフードを2つ。1.5メートルで、「すっごく、いい子だねえ！」とほめ、身体をなでて、ポンポンとたたいてトリーツを与える。ぴったりの場所でしたときは、トリーツを5つ、大声で「なんていい子なんだ！」と叫び、何度もギュッと抱きしめ、ヒツジの焼き肉の夕食と、テレビを優先的に見られる権利と、バハマ旅行ご招待を約束しよう。遠慮する必要はない。こと排泄のしつけに関しては、言葉を控えていては成功はおぼつかない。

裏庭か道端か、ともかく決まった場所で排泄するしつけができているイヌにとっても、まだできていないイヌにとっても、排泄の最高のごほうびは散歩である。庭を持っている飼い主はたいてい、この貴重なごほうびを使わない。いっぽう、家に庭がなく、イヌを外に連れて行って排泄をさせる習慣の飼い主は、やり方を完全に間違えている。よく排泄をさせる目的でイヌを散歩に連れ出す人がいるが、非常におかしなやり方である。というのは、イヌにしてみれば何もせずに散歩に連れて行ってもらえ、用を足したとたんに散歩が終わってしまう。つまり、ただ（散歩に行くことを期待して）馬鹿みたいな振る舞いをするだけで、最高のごほうび（散歩）を受け取ることができるいっぽうで、正しい場所で正しいときに正しいことをすると（舗道でウンチをすると）、最大の罰（その散歩の打ち切り）を受けることになるのである。これは180度間違っていないだろうか。

　そのようなやり方ではなく、クレートやつなぎ止めやマットの上から解放して外に連れ出し、3分待つというやり方を採るほうがよい。3分経っても排泄しなかったら、また元の隠れ家に戻して1時間待つ。逆に、その3分のあいだに裏庭のトイレなり家の前なりで排泄をしたら、そのとき

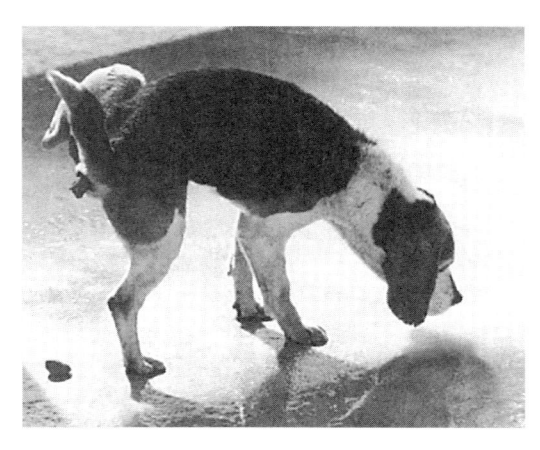

さっさと片付けて出かけよう！

こそ散歩に出かけるのである。

　戸外の公共の場所で排泄をするイヌの場合、散歩をごほうびとして使う方法は非常に大きな意味を持つ。家を出たら、家の前で少し立ち止まってイヌが排泄するのを待つのである（そのあいだに読む本でも持っていくといい——たとえばこの本などどうだろう）。家の前で排泄をすると、2つの利点がある。(1) あと始末が簡単で、排泄物を自分の家で捨てられる（邪魔なウンチ袋を手に大通りを歩かずにすむ）。(2) 散歩がイヌにとって排泄に対するごほうびとなる。「ウンチないなら散歩もなし」という方針を確立すれば、イヌはとても早く排便するようになる。

トイレを間違ったとき

　できるだけ間違った排泄はさせないようにする。けれども、もし子イヌの間違いの「現場を見つけた」ときは、即刻「外へ！」と指示する。「外へ」は指導的叱責で、2つの重要な情報をイヌに伝えている。(1) 声の調子と大きさから、イヌには何か大きな失敗をしたことが分かる。(2) 言葉の内容から、どう改めたら良いかが指示される。ただし、どんな言葉を使うにせよ、まずその言葉の意味をイヌにはっきりと教えておく必要がある。

　指導的でない叱責や罰はあまり役に立たない。「ダメ！」と言ったところで、イヌの頭と膀胱と腸が「ヨシ！」と言っているのだから、無意味である。のみならず、「ダメ」とか「ゲッ」とか曖昧なことを言っても、イヌには何か間違いをしたのだということは分かっても、何を期待されているかという情報がまったく伝わらない。腹を立てても、鼻先をウンチにこすりつけても時間の無駄で、汚らしく、なにより残酷である。そういうやり方では (1) イヌをハンドシャイにして、飼い主に対して防衛的にさせ、(2) 隠れて排泄させるようになるだけである。

　「外へ！」という指導的叱責がいちばん簡単で、しかも効果がある。排泄の現場を押さえることができなかったら、けっして叱責してはならな

い。時間のズレがあると、イヌには犯したことと罰との関連が把握できない。そういうときは自分を責めるべきである。きちんと閉じ込めなかったり、見守らなかったり、排泄のしつけをしなかったのは自分のせいなのだから。振り出しに戻ってやり直す。ダメな飼い主！　なんてダメな飼い主なんだ！　こんなことを二度とさせてはならない。

噛む

　たった一度、噛んではいけないものを噛んだことが、とても高くつくことがある。私の知るかぎり、この競技で世界記録を持つイヌは、たった3時間で1万5000ドルの家具と調度品をダメにした、マンハッタンに住むマラミュート犬だ。噛まれて失うかもしれない損害に比べれば、噛むオモチャの値段など無に等しい。つまり、家を留守にして子イヌを「長時間用の居場所」に入れておくときは、十分に噛むオモチャを置いて

コングを噛み、満足しておとなしくしているフェニックスとオッソ

おくべきである。この用心は、その部屋で何が噛まれるかわからないから、というだけに留まらない。子イヌにはもともと噛む性癖があるため、周囲に噛めるものはそれだけにしておくと、その性癖を適切な噛むオモチャに向けさせることができる。

　噛むオモチャというのは、イヌが噛めるけれども壊したり飲み込んだりできないものを言う。壊されてしまったら、また新しいオモチャを買わなければならない。飲み込んでしまうようだと、いずれ獣医に大枚のお金を支払うはめになる。壊れない、飲み込めないオモチャだけを使うようにする。どのようなものがよいかは、イヌのタイプによる。

　ただし、どんなオモチャを選ぼうと、イヌは箱の注意書きを読むことができないということを忘れてはならない。噛むオモチャは何のためにあるか、ということを教えておかなければならないのである。噛むオモチャでゲームをするとよい。「噛むオモチャを取れ」「噛むオモチャを持ってこい」「噛むオモチャを探せ」。いつでも行ける場所にオモチャ箱を置いておくのも良い方法である。今すぐ何かを噛みたいと思ったときは、いつでもそこでオモチャを見つけられる。いちばん大切なことは、子イヌがそこからオモチャを出して遊んだときは、必ずほめてごほうびを与えることである。

　飼い主が家にいるあいだに、噛む問題が起こることはあまりない。ほとんどは飼い主が留守中に起こる問題なのである。それも主に、朝、飼い主が出かけた直後か、夕方帰宅する直前に起こる。イヌは薄暮活動性の動物であり、通常は明け方と夕方に活動的になる。たいていのイヌは飼い主が出かければ思うままに噛めると、そのときを待ちかまえている（禁煙宣言中に、妻が出かければその日の1本目が吸えると、今か今かと妻の外出を待っている夫に似ている）。午後になって噛む理由は、一つには夕方に向けて活動レベルが上がるためで、もう一つは飼い主が帰宅したら罰を受けるのでは、というストレスを鎮めるためである。したがって、出かけるときにも帰宅する前にも、確実に子イヌを噛むオモチャに

夢中にさせることが、留守中に家のなかで起こる問題を予防する第一歩である。

留守にするときには
　朝出かける前に、新しい噛むオモチャを与える。目新しければ目新しいほど価値があるわけだが、とてもいい方法がある。たとえば、ローハイドのオモチャをさまざまな味のスープに浸しておく。それを乾かすと、曜日ごとに違う味のオモチャ・セットのできあがりだ。丈夫で骨髄の穴の開いた関節骨や、オモチャのコングに、おいしいトリーツを詰め込むやり方もある。消毒済みの骨やコングは、たいていのペットショップで手に入る。この噛むオモチャにドライフードやトリーツを詰め、噛むとすぐに一部が出てくるけれども、いちばんおいしいトリーツが出てこないようにしておくと、イヌはずっとそのオモチャを触って遊ぶ。
　子イヌを入れておく「長時間用の居場所」には、おいしいものを詰めた噛むオモチャを山積みにしておく。子どもをテレビのある部屋で独りにさせておくようなもので、子どもはテレビを見続けて中毒になる。同じように、子イヌも噛むオモチャを噛み続けていると（何しろ他にしたくなるようなことはないのだから）、それが癖になる。このプロセスは一種の「受動的トレーニング」と言える。この種のトレーニングでは、必要なのは状況を設定することだけで、イヌは勝手に噛むオモチャ依存症になってくれる。

帰ってきたら
　帰宅時、いちばんのごほうびは飼い主自身である。そこで、子イヌが噛むオモチャを取ってくるまでは、かまってやらないようにする。何日かすると、帰宅したら、子イヌは猟犬を気取ってオモチャをくわえ、玄関であいさつするようになる。ということは、子イヌは、昼寝から目覚めると、飼い主の帰宅時に自分に向けられる注目と愛情を思い出して、

噛むオモチャを探しに行っているということである。玄関で差し出されたオモチャを手に取り、トリーツを（えんぴつで）掘り出して子イヌに与えると、子イヌはいっそう飼い主が帰宅すると同時に噛むオモチャを持ってくるようになる。

　家にいるときも常時、受動的トレーニングで噛むオモチャの常用癖を強化するように努力する。クレートに入れたり、つなぎ止めをしたり、マットの上でプレース・トレーニングをしたりして、近くにはおいしいものを詰め込んだ噛むオモチャしかないようにする。子イヌは、ごく早いうちに、噛んだり遊んだりしたものに執着するようになるため、家に来たばかりの数日このようなトレーニングをすることは、非常に重要である。

　何を噛むべきかが分かったら、次に何を噛んではいけないかを教える。子イヌが、噛むオモチャ以外で噛みそうなものの匂いを嗅いだだけで、必ず「噛むオモチャ！」と指導的叱責を与えると、すぐにそういうことはしなくなる。声の調子と大きさが、何か間違いをしたと教え、言葉の意味が、何を噛むべきかを教えるからだ。加えて、よく噛みたくなりそうなものに罠をしかけるのもよい。

罠をしかける

　うまくできた罠には、多くの特長がある。まず第一に、それは飼い主が不在のときに効果を発揮する。第二に、イヌは罠から罰を受け、飼い主からは受けない。つまり、飼い主とイヌの関係を壊す危険を冒すことなく、効果的に罰することができるのである。罠は直接的で、罰との関連性もはっきりしているため、きわめて有効にはたらく。罠は、イヌが何か間違いを犯そうとした瞬間にイヌを驚かせる。つまり、イヌに罰を下すのは環境である。鼻先をろうそくの炎に突っ込んでみるのと同じである——イヌは二度と炎に鼻を突っ込もうとしない。罠による学習は、1回だけですむことが多い。

　罠の種類は多く、実際飼い主や設計者の想像力と工夫が続くかぎり、

さまざまなものがありうる。私のお気に入りは、ビールの空き缶をたくさん集めたもの。この基本的な原理を応用すれば、ソファやカーペット、子どもの玩具やテーブルの上の食べ物、ゴミ箱など、多くのものを守れるだろう。ビールの空き缶を20個ほど集め（音の効果を上げるため、それぞれに小石を2つずつ入れておく）、1枚の段ボールの上に積み上げる。段ボールを支えているのは3つの缶で、そのうちの1つを、たとえば、台所のゴミ箱といった守るべきものの上に張り出した棚やカウンターの縁で、ギリギリで立っている状態にする。この不安定な支え缶と釣り餌とを紐でつないでおく。釣り餌にはトリのだし汁やベーコンの脂に浸した紙切れを用意し、これをゴミ箱に詰め込んだ丸めた新聞紙の上に置く。イヌが釣り餌をくわえて行こうとすると、紐が3つの支え缶のうちの1つを引っ張って倒し、段ボールが傾いて、積んであった缶が全部バラバラとイヌのまわりに落ちてくる、という仕掛けである。

　いつも罠が仕掛けられた家に暮らしたくはないだろう。そこで、最初は罠を準備したうえで、紐を結ばないでおく。こうして罠の存在に慣れる時間を与える。そうしないと、イヌは罠の存在と落ちてくる缶を結びつけてしまう。すなわち、缶があるときにはゴミ箱に近づかず、罠を片付けるとゴミをあさるようになってしまうのである。

　罠の効力は、警告の合図を加えることで強化できる。罠を仕掛ける直前に、ゴミ箱に新しい香料をふりかけるとよい。新発売のレモンの香りの洗剤や香水など、イヌがそれまで嗅いだことのない匂いの付いたものなら何でもよい。これまで何度も問題なくゴミをあさってきたのに、今回は頭の上にビールの缶がバラバラ降ってくるという経験をしたイヌは、間違いなくこう考える。「ああ、匂いだ。匂いが違うんだ」。こうして即座に新しい匂いと缶の落下とを結びつける。ここまできたら、匂いによる警告の合図――新しい洗剤――を他の、イヌに近寄らせたくないものにも付けるとよい。カウンターの上、椅子の脚、ネコのトイレなどである。その匂いがイヌに、これに触るとビールの缶が頭の上から落ちてく

るぞ、と警告するため、イヌはそれに触れようとしない。回避の条件付けの効果は、警告の合図とつながっている。つまり、警告の合図がイヌをその大切なものに触らせないようにしているため、そのあと罠の仕掛けを外しても、学習した匂いがある限り、イヌは近づかない。

掘る

　イヌは穴を掘る。イヌにとって、穴を掘らなければならない理由はたくさんあるからだ。温かいくぼみを掘る。涼をとる洞穴を掘る。ネコの糞や地虫、根っこ、ネズミを掘り出す。逃げる穴を掘る。退屈で掘る。楽しみで掘る。もちろんイヌとして本質的な理由もある——骨を埋めて、また掘り出すのである。また、忘れてはならないのは、飼い主が家のなかで自由にさせてくれず、独りで裏庭に閉じ込められているために、退屈で穴を掘るイヌがたくさんいるということである。が、掘ったり吠えたりの問題は、排泄のしつけと噛むオモチャで簡単に解決することが多い。
　子イヌをずっと見ていられないときは、穴を掘れない場所、たとえば室内

黄泉の国への入り口を護る番犬

や、ドッグランに入れるようにする。イヌの相手ができるときには、掘ってもいい場所、たとえば決まった「穴掘り場所」で掘るように導いてやる。

穴掘り場所

　飼い主の視点から見れば、子イヌは間違った場所を掘っている。だとすれば、適切と思われる場所を作ってやって、そこを使うよう教えるのが公平というものだ。

　穴掘り場所というのは、子どもの砂場のようなものである。ここで穴掘りをさせるには、さまざまないいもの、たとえば秘密のドッグフードや珍しいトリーツ、噛むオモチャ（そう、屋外でも噛むオモチャは必要なのだ）、テニスボール、音が鳴るオモチャなどをいっぱい埋めておく。ウシの骨だっていいかもしれない。ここが宝の山だということに気づいた子イヌは、他の場所よりもここを掘るようになる。穴掘り場所には、骨やレバーが山のように埋まっているというのに、よそで木の根っこや死んだナメクジを掘り出したところでしかたがないではないか。穴掘り場所での穴掘りは、すぐに自己強化される。とくに、宝物を見つけることがごほうびとなる。それでも、穴掘り場所で穴を掘ったときは、必ずほめてごほうびを与えて欲しい。

　適切な穴掘りは、受動的学習プロセスで教えることもできるだろう。コンクリートのドッグランの片隅に穴掘り場所を作り、そのドッグランに閉じ込めると、穴掘り問題を起こしやすいイヌでも、穴掘り場所を掘るという良い習慣を身につける（他に掘る場所がないのだから）。2週間もすると、ドッグランの出入口は開け放してもよくなり、イヌは掘りたい衝動を感じたら必ず穴掘り場所を探しに行くようになるだろう。

　長期にわたってイヌを庭に独りにさせる予定のときは、あらかじめ庭でイヌと一緒の時間を作り、庭のルールを教える。たとえば花壇を掘り返すことはもちろん、その上を歩いてもいけないというルールである。芝生を掘り返そうとしているのを見たら、「穴掘り場所！（Digging Pit）」

と指導的叱責をする。するとイヌは何か間違ったことをしているという情報と、どこを掘るべきかという情報を適切に受け取る。

吠える

　カナリアに電気ショック首輪をはめようと考える人はいないだろう。泣きじゃくる赤ちゃんの口にレモン汁を絞る人もいない。シャワーを浴びながら「歌う」からといって、夫を丸めた新聞紙で叩く妻もいない。しかし、吠えるイヌに対しては、人はこういったことを平気でする。
　吠えることが問題になるのは、飼い主の行動が一貫していないからである。あるときは吠えても何も言われず、あるときは吠えるようにと言われ、またあるときは吠えたからといってひどい罰を受ける。あわれなイヌはわけが分からず、ストレスがたまるいっぽうである。飼い主がいないときにイヌが怒りをぶちまけるのも不思議ではない。

マラミュートは遠吠えをする。
当たり前だ。

飼い主の不在時に吠えるイヌは、絶対に庭に閉じ込めないでほしい。さらに吠える問題を悪化させる。外は音が伝わりやすい。周囲の騒音がイヌの耳に入りやすいし、イヌの吠える声が隣近所に迷惑をかけやすい。だから、吠える問題が解決するまでは室内に、できれば一部屋に、それも通りから離れた（外の騒音が聞こえにくいように）、文句を言ってくる隣人と反対側の部屋に（文句を抑えるために）閉じ込めて、できるだけイヌが吠えないようにする。閉じ込める部屋は、カーテンを引くなどして防音をする。ラジオを少し大きめの音でかけっぱなしにしておくと、イヌは安心するし、イヌの吠え声をごまかすことにもなる。

　飼い主が家にいるときには、一つのルールから始めるのが簡単でうまくいく。吠えてもよいが、「シィー（Shush）」と言われたら吠えるのを止める、というルールである。「シィー」と言われたら一定の時間——たとえば1分か2分——静かにしていなければならない。そのくらい時間が経つと、たいていのイヌはいったい何で吠えていたか忘れている。

　吠える頻度を減らすトレーニングの第一段階として、コマンドによって吠えることを教える。吠えることを教えるというのはおかしく思える

「吠えろ」と「シィー」を学ぶ
キャラハン

かもしれないが、吠えることの問題は吠える時間の問題だと認識することが大切である。つまり、問題となるイヌは、過剰に吠えすぎているか、不適切なときに吠えているかなのである。コマンドに応じて吠えるようトレーニングすることで、少なくとも吠えるという行動についてタイミングのコントロールができる。さらに、イヌが吠えたくなくとも指示によって吠えさせられるようになる。このことは、さらに重要な「シィー」コマンドが教える際に非常に役に立つ。

コマンドで吠えさせる

　吠えさせる刺激を選ぶ。たとえばブザーを利用する。友だちに玄関の外に立ってもらい、イヌに「警戒（Alert）」あるいは「守れ（Defend）」（「歌え（Sing）」や「吠えろ（Speak）」よりも強いコマンド）と指示する。友だちはこれを聞いたらブザーを鳴らす。するとイヌはその音に吠える。イヌはすぐにコマンドのあとにブザーが鳴ることを学習し、5、6回繰り返すと「守れ」というコマンドだけで吠えるようになる。

「シィー！」

　イヌが吠える理由のないときに吠えるよう指示し、吠えたら十分にほめてやる。これだけでもイヌにとっては嬉しい驚きである。飼い主が一緒に吠えてやるとなおさらだ。次に「シィー」と言い、鼻先でトリーツをゆする。トリーツを嗅ぐために吠えるのをやめたら（何かを嗅ぎながら同時に吠えるのは不可能だ）トリーツを与え、おとなしく食べたらやさしくほめる。ささやくように話しかけ、イヌに耳を傾けさせる。何かを聞こうとしているときにはあまり吠えない。自分で吠えていたら、聞きたいことも聞き取れないからだ。同時に、トリーツをルアー兼ハンドシグナルとして使い、オスワリかフセをさせると、イヌをおとなしく静かにさせやすい。

　ほんの2秒ほど静かにさせたら、もう一度吠えるように指示する。2度

目の嬉しい驚きだ。最初のときに、イヌを静かにさせるのがどれほど難しくても、2回目はずっと楽になっているはずである。再び静かになったら、もう一度吠えさせる。「いい子だ、ローバー。ほら、ワン！」そしてまた「シィー」を指示する。「いい子だ、ローバー。ほーら、シィーッ」。繰り返しスイッチを入れたり切ったりし、吠えたときにも、吠えるのをやめたときにもほめ、ごほうびを与える。これで完了だ。

　トレーニングもこの段階まで来たら、本来のイヌに戻って吠えることを許してよい。ただし「シィー」と言われるまでだ。そして、特別なルールを教えて、ただの騒々しい吠え方を修正するトレーニングに着手する。以下のようなルールである。(1) 吠えるべき刺激――見知らぬ人、ブザーなど。(2) ちょっとなら吠えてもよい刺激――庭に来たネコ（まあ、イヌの気持ちも少しは考えてやらないと）など。(3) 吠えてよい長さ（玄関にだれか来たら10回ワンと吠えるが、隣のネコやイヌなら3、4回で十分）。(4) 吠えてはいけない刺激――3ブロック先で枯葉が散ったときなど。

「ワトソン・ダンバー・コンピューター吠え箱」を使い、落ちついて静かにする反応を自己形成するフェニックス

飛びつく

　飛びつきは、主に若年期のイヌと成犬の問題である。子イヌも飛びつくが、飼い主が問題視しようとしない。実際、多くの飼い主は、そのつもりはなくとも子イヌに飛びつきを奨励しているのである。
　人にあいさつするときに飛びつくイヌに対して、多くのドッグトレーニングの本がさまざまな方法を推奨している。大声で叱りつける。顔に水やレモン汁を吹きかける。丸めた新聞紙で鼻面を叩く。リードをグイッと引っ張る。前脚をギュッとつかむ。後脚を踏んづける。胸に膝蹴りをくらわす。仰向けにひっくり返す。ふつうに「こんにちは」と言おうとしただけのイヌに対して、これは少々やりすぎではないだろうか。人にあいさつするときには、オスワリかフセをするようにしつければ済むだけの話である。

飛びつく理由

　イヌが人に飛びつくとき、その理由はさまざまである。いちばん大きな理由は、たいていのイヌは子イヌのころから人に飛びつくようしつけられてきたというところにある。子イヌが飛びついて来て前脚を身体にかけられると、ほとんどの人はなでて耳の後ろをかいてやる。そしてある日突然、いつもどおり飛びついてじゃれると、飼い主は手のひらを返したかのように頭を叩いたり、膝蹴りを入れたりする。ここでイヌが犯した過ちは何か？──それは、成長してしまったということだけなのだ。
　前脚をひっかけたり、なめたり、飛びついたりするのはみな友好的な、なだめの行為で、イヌ流のあいさつなのである。「お帰りなさい。また会えてうれしいです。ボクを受け入れてね。ボクを傷つけないで。最も尊敬しているあなたに比べれば、ボクなんて虫けら同然なんですから」。
　そこで、最も尊敬すべき人間さまが何をするかというと、飛びついて

くるイヌに罰を与えるのである。すると、ここでイヌには人間をなだめる理由が二つに増える——もともとの理由と、怒っている飼い主をなだめなければならないという事実である。どうすれば飼い主をなだめられるか？　前脚をひっかけたり、なめたり、飛びついたりして、ということになる。トレーニングには逆説的なことがたくさんあるが、これもその一つである。罰を与えれば与えるほど、その行動を助長する。ここでも「治療」が問題を引き起こしている。

拮抗条件付け

　最初から、ごほうびトレーニングで、人にあいさつするときにはオスワリ－マテ（Sit－Stay）をするよう子イヌをしつけるのがよい。複雑な社会的行動を罰で消去しようとするよりも、単純な拮抗条件付けで、代わりとなる望ましいあいさつ行動をしつけるほうが楽なのである。このとき、代わりの行動としては、問題行動と同時に成立しない行動を選ぶ。つまり、子イヌがオスワリをしているときには、人に飛びつくことはできないということである。子イヌがオスワリとマテをしたら、オスワリをしていることと、飛びつかないことの両方をほめてやるとよい。飛びつくときには、最初に戻って、オスワリ－マテをするようさらにトレーニングする。

　拮抗条件付けは単純なやり方のように聞こえるし、理論的にはたしかに単純である。しかし、理論を実践に移すときは、そう簡単にはいかない。人にあいさつするときに、コントロールできないどころではない乱暴な行動をとるイヌは多い。興奮しすぎて周りに注意がいかないため、「オスワリ」の要求に従わないのはもちろん、飼い主の存在にすら気づかない。拮抗条件付けは問題解決の理論の部分であり、実践の部分は次に説明する。

問題解決

　極端な問題行動を持つイヌを日常生活のなかでしつけ直すのは、不可能に近い。一日の仕事を終えて疲れきって帰宅したときに、子イヌのオスワリのトレーニングをするのは容易ではない。また、来客があった際に玄関先でトレーニングしようとしても、まずうまくいかない。ドアを開けようと玄関に急いで向かうとき、飼い主はイヌにはそれほど注意を向けていられないし、イヌのほうは飼い主に対して、それ以下の注意しか向けないものである。したがって、問題解決のために都合のいい時間を特別に設定して、子イヌに、どのようにあいさつしてほしいのかを教えることにしよう。

　ルアー・ごほうびトレーニングとプルーフィングで、子イヌにオスワリを教える。玄関先やリードを付けて散歩させているとき——つまりイヌが人に出会いやすい場所で——確実に反応できるようにする。さらに家では、特定の場所——たとえば玄関マットの上——にオスワリするようトレーニングするとよい。

　ひとりがマットの上でオスワリ－マテをするイヌを見守るいっぽうで、もうひとりが何度も玄関を開けたり閉めたりし、繰り返しブザーを鳴らして、とくに来客に関連する物音に慣れさせる。来客にあいさつするときにオスワリをしてもらいたいのなら、まずその前に、少なくとも、似たような環境ではあるけれども、それほど気を散らすもののない環境で「オスワリ－マテ」のやり方を身につけさせておかなければならないのである。

飼い主にあいさつする

　最初に、難しい部分から手をつける。あなたが帰宅したとき、マットの上にオスワリ（またはフセ）を指示し、できるまで相手をしない。オスワリをしたら、やさしく十分にほめる。オスワリをしなければ、するまであらゆる手を尽くす。首輪をつかみ、言うことを聞くまで手を放さ

ない、ということまで。イヌの気が散るものがいっぱいあるなかで相手をするよりは難しくはないはずである。ここでちょっと我慢できれば、いずれイヌはオスワリをするし、それをほめてやることができる。それ以外の叱責や罰の必要はない。イヌが、飼い主が「ただいま」を言う前にオスワリすることを学習するまで、それほど時間はかからない。これができるようになったら、オスワリをしたらすぐにやさしくなでて、十分にほめ、トリーツを2つほど与える。

　次は簡単な部分である。いつもどおり、イヌが匂いを嗅ぎ、なめ、尻尾を振り、身体を揺すったあと、興奮が少し収まったところで、裏口から抜け出して、玄関からあらためて「帰宅」するのである。そして正しい場所で正しい姿勢をとるよう、つまりマットの上でオスワリするよう要求する。今回はずいぶんと楽なはずだ。ほんの少し前にあいさつしたばかりなのだから、戻ってきた飼い主にそれほど興奮しない。2回目のあいさつをしたら、また姿を消して3回目、4回目と繰り返す。帰宅を繰り返すたびにイヌの振る舞いは向上していく。

　同じ刺激の組み合わせ（玄関と飼い主）を繰り返し受けさせると、イヌは徐々に興奮しなくなり、コントロールが容易になっていく。反復のたびに楽にオスワリさせられるようになる。この方法は、最初に劇的な改善が見られる。申し分のない振る舞いができるようになったなら、出勤と帰宅を5、6回繰り返して、イヌの脳に絶対に消えない印象を刻み込む――イヌが新しく身につけた（教えられた）エチケットと礼儀正しいあいさつに、飼い主は心底満足し、喜んでいるという印象を。

　何らかの理由で外で飼われているイヌは、問題解決がとくに大切になる。外飼いのイヌは、家のなかに入るとメチャクチャな振る舞いをすることが多いからだ。そもそもそのイヌが外に追い出されているのは、それがいちばんの理由であることが多いのだが、ここに悪循環が生じる。外にいればいるほど、家に入ったときの興奮は高まり、行動は悪くなるのである。結局そのイヌはずっと外に出されたままになる。そんなイヌ

を家のなかで礼儀正しくさせようとする場合も、飼い主が思い切って裏庭に出ていったときにイヌに飛びつかれずにすむようにしたい場合も、問題解決の手順はほぼ同じである。

イヌを家のなかに入れ、「落ちついて、シィー」と指示する。イヌがいったん落ちついたら、「外へ」と言う。家に入れ、外に出すということを何度か繰り返す。イヌの態度は徐々に良くなっていき、繰り返し外に出るときも、しだいに喜んで出ていくようになる。教養のあるイヌとして家に入ることを学ぶと同時に、外へ出なければならないとしても、それは必ずしも寒い外に出されっぱなしになるわけではないと学ぶのである。申し分のないきちんとした態度で家に入れたら、しばらく家のなかにいさせる。

ずっと外で暮らしているイヌには、続けて何度かこちらからあいさつに出向く。最初は大変かもしれないが、2度目はせいぜい不愉快な程度、3度目はまずまず、4度目以降は、きちんと振る舞うことだろう。そこまで完璧にできるのなら、友だちとして、癒しとして、また番犬として家のなかに入れてもいいのではないだろうか。どうだろう、飼い主のみなさん。

感情を込めて飼い主にあいさつする

イヌが飛びついて自分にあいさつするのは、間違っていないし嬉しいときだってあると思っている飼い主もいる。しかし混乱を避けるため、このようなときは必ず適切な要求、たとえば「ハグ（Give us a Hug）」という指示をしてからにする。そう言われないかぎり飛びつかせてはいけない。帰宅したとき、最初は静かにフセをしている状態であいさつし、戸を閉めてから、あるいは飛びつかれてもよい服に着替えてから、「ハグ」と言うようにする。こうして、それまでは問題行動──楽しいだけの飛びつき──だったことが、最初のあいさつで飛びつかなかったことに対するごほうびとなるのである。

ハグ！　　　　　　　　　　　　チュッ！

お客さんにあいさつする

　20人以上の友人に、テレビのサッカー観戦という名目で集まってもらう。これが実は、ローバーのトレーニング目的の集まりなのだ。友人のパットが来ても、飼い主は100パーセントの注意をローバーに向けていることができる。というのは、急いで玄関のドアを開ける必要はないのだから。始めからそういう話になっているし、いずれにせよ、どうせパットなのだから。オスワリかフセをさせるのに、どれほど時間がかかってもかまわない。自信を持って勧めよう。最初のお客がいちばん難しいが、だんだん楽になっていく――タヌキにタヌキ寝入りを教えるくらいに。

　玄関マットの上でオスワリ（あるいはフセ）ができたら、パットに入ってくるように言う。玄関マットの上でオスワリしているあいだずっと、ローバーをほめ続ける。パットには、ローバーに手を差し出して匂いを嗅がせ、トリーツを与えてもらう。次に、パットに、リビングルームで

くつろいでくれと言い、ローバーにはパットにあいさつをするよう指示する。そして、パットに、子イヌをポンポンと叩いてもらい、子イヌにはお決まりの匂い嗅ぎをさせる。来客の衣服や靴底には、あらゆるいい匂いが付着しているのがふつうなのである（服にはかわいいピレネー犬の酔いしれるような匂いが、靴底には、パットが46番街の角で踏んづけたコーギーの糞が残っているかもしれない）。

　ローバーが落ち着いてパットの存在になじんだら、パットにはこっそり外に出て、もう一度ブザーを鳴らしてもらう。イヌの特質上、ローバーは大急ぎで玄関に走り、さっきと同じように興奮して待つ。ところがまたパットだと分かると、興奮も少し収まる。その分、コントロールも楽にできる。パットが入ってきてトリーツを与え、リビングルームに座ると、またお決まりの匂い調査をさせる。今度はさっきほど熱心にパットのズボンや靴底を嗅がずに、早く落ちつく。

　パットがリビングルームから消え、またブザーを鳴らす。ローバーは大急ぎで玄関にやってくるが、聞き慣れた足音にブザーのリズム。ドアの下の隙間からちょっと匂いを嗅いで、続けてパットのぶさいくな顔がちらりとのぞくと、冷静に現実が見えてくる──「パット！　あんたはいったいうちに来たいのかい？　それとも出ていきたいのかい？」　こうなるとイヌもパットの存在にはほとんど興味を示さないため、容易にコントロールして玄関マットの上でオスワリ－フセをさせることができる。ローバーはきちんとすべきことができ、ごほうびを受け取る。その結果、今後もきちんとする可能性は高くなる。パットには念のため、さらに何回か出入りしてもらってからリビングルームでテレビを付けて、冷たいビールでも飲んでもらう。サッカーの試合中、パットに10回ほど再訪問してもらう（何度も玄関に立つお客さんたちのために、ポーチにお礼のビールを用意しておくのもいいだろう）。

　次はスーザンの番だ。同じように何度も玄関を入ってもらう。次はタミー、そしてステイシー。以下、テレビを見に来る全員が集まるまで続

ける。この集中あいさつセッション1回（4時間以内に20人、延べ約200回）のあいだに、ローバーは玄関でのあいさつのしかたを学び、飼い主はイヌのコントロールのしかたを学ぶ。2、3日後に本物の客が遠くからやってきたときには、ずいぶん楽に対応できるようになる。それ以後も、ときおり手直しのトレーニングをする必要はあるだろう。ローバーがだれかに悪さをしたときには、その客には、もう一度入り直してもらうように頼む。

道で出会う見知らぬ人にあいさつする

　同じような問題解決法で、道で出会う見知らぬ人への正しいあいさつを教えることもできる。この場合も、日常生活のなかでしつけをするのは難しい。そこで、サッカーのハーフタイムに、20人の客にトリーツを持たせ、順番に少しずつ間隔を空けて、近所の1ブロックを時計回りに回ってもらう。飼い主はイヌを連れて反時計回りに出発する。途中で客たちに出会うたびにオスワリをさせる。オスワリをしたら、いい子だとほめ、トリーツを与える。ニセの「見知らぬ人」もイヌをほめ、やさしくなでてやるとよい。イヌが相手に飛びついたら、「オスワリ！」と指導的叱責を加える。イヌには二つの選択肢がある。(1) オスワリしてごほうびをもらい、やさしく叩いてもらってトリーツを食べる。(2) 飛びついて叱られ、しかし結局はオスワリをさせられる。イヌもどうせオスワリさせられるのなら、前者を選ぶはずである。

　最初の1周は難しいが、2周目、3周目となるともう、イヌにもあいさつのしかたがわかってきて、4周目、5周目には完璧にできるようになる。

　この練習を2組のグループでする。30分ほどのあいだに100回くらい路上での出会いを実習できる。見知らぬ人と出会ったときに、家庭犬としてすべき社会的あいさつを習得する機会が与えられるのである。こうして、道で本物の見知らぬ人に出会ったとき、飼い主は前よりもうまくイヌをコントロールできるようになっているはずである。

第 2 章 ● ● ● 行動の修正

オスワリでお客様を迎えるオッソとフェニックス

第3章
オビーディエンス・トレーニング

ベイリーの悲劇　第１幕

　ベイリーは申し分のない子イヌだった。予防注射を一通り終えるとすぐに公園デビューし、リードを外してもらって走り回った。何かに取りつかれたように駆け、跳ね、踊り、人に飛びついた。遊び疲れて満足すると、やはり満足している飼い主のところに戻り、リードを付けられて家に帰った。主導権はベイリーにあった。

　若年期が近づくと、公園で30分ほど跳ね回るくらいではエネルギーが発散しきれず、飼い主が家に帰りたいと思う時間になっても遊び続けていた。そこで飼い主はベイリーを呼び戻した。ベイリーは素直に、ご主人は何をしたいのだろうと戻って来た。すると……「ちくしょう、リードを付けて家に連れて帰るなんて！　まだ遊びたいのに……」

　ベイリーはけっして思索家ではなかったが、飼い主よりは考える頭を持っていた。そしてすぐに解決策を見出した。「遊んでいるときにはご主人によく注意しておかなければ。あの嫌らしい『こっちにおいで』という言葉を口にしたら、何はともあれ近寄らないことだ」

　飼い主はベイリーを捕まえようとしたが、スピードも持久力もアップしているベイリーは逃げ続けた。ベイリーにとって「鬼ごっこ」は楽しい遊びだが、飼い主はそれどころではない。ようやくベイリーを捕まえたときに、飼い主の機嫌が良いわけがない。ベイリーの身体をグラグラと揺すり、ひどい言葉を投げつけた。これでは、ベイリーが次に公園で走り回るとき、飼い主に捕まらないように頑張るのも無理はない。

　けれども残念なことに、ベイリーが公園で遊べる時間は、もうあまり残されていなかった。

第2幕（シナリオその1）

　ベイリーはすっかりコントロールがきかなくなっていたが、飼い主はそれでもリードを外して遊ばせていた。ベイリーが言うことを聞かないことについて、飼い主はこう言いわけした。「いや、ときどきはちゃんとオイデをしますよ。家のなかではいつも来ますし。ヤルと決めたら来るんですよ」。次に出かけたとき、ベイリーは通りを横切るネコを追いかけていった。ネコは道を渡りきったが、ベイリーは間に合わなかった。走ってきた車にはねられてしまったのである。

第2幕（シナリオその2）

　ベイリーはネコを追いかけて、走ってくる車の前に飛び出した。ベイリーもネコもなんとか無事に道を渡りきったが、車は間に合わなかった。ベイリーを避けようと道を外れ、街路樹に激突してしまったのである。車はつぶれ、乗っていた人も大ケガをした。（これまでにイヌの飼い主に対して裁判所が命じた最高損害賠償額は270万ドル［3億数千万円］。このイヌは車道に走り出し、避けようとしたピックアップ・トラックに乗っていた2人が投げ出されて頭に大ケガを負い、脳を損傷した）。

第2幕（シナリオその3）

　リードを外しているときのベイリーは、家族のだれにもコントロールできなくなっていた。そのため、散歩のときはリードを付けることにした。ベイリーはリードを外して跳ね回っていたころが恋しくてたまらず、リードを付けた「散歩」でも同じように振る舞った。その結果家族は、指の関節をくじき、肘の腱を痛め、肩を脱臼しかけ、しだいにベイリーを散歩に連れ出さなくなっていった。ベイリーはもう、かわいいコントロールできる子イヌではなくなっていた。遊びの段階は終わっていたのである。

　ベイリーは、前のように毎日近所を散歩したくて我慢できず、家のな

かでいっそう激しく跳ね回るようになった。それが危険で耐えられないほどになったため、ついに、大半の時間を庭に締め出されて過ごすこととなった。友人や親戚が訪ねてきたときには、飼い主はベイリーを呼んで外に出す。イヌの脳は考える。「奴らが『こっちにおいで』と言ったときには、外に放り出されるんだな」。

ベイリーを捕まえることは不可能だった。まれに家に入れてもらえると、久しぶりの家族にかまって欲しくて、我を忘れて熱狂的に駆け寄った。家中を（ちょうど子イヌのころに公園でそうしたように）走り回り、椅子にぶつかり、子どもたちやおじいさん、おばあさんを押し倒し、お客さんに飛びつき、むやみにみんなに突進してつつき、脚をかけ、なめ回した。

ベイリーは永久に庭に締め出された。マックスの幕と同じく、ここはイヌにとって最高の、そして最後の演技をする舞台なのである。

最初に乱暴な行動のもとを作ったのは飼い主である。ベイリーが犯した唯一の罪は、成長してしまったということにすぎない。ベイリーは大きく、強く育った。あまりにも乱暴なため、トレーニングでしつけ直せる見通しも暗い。加えて、飼い主は遊びとトレーニングを区別し、ベイリーも遊びとトレーニングは相容れないと考えていた。ベイリーは遊びのほうを取った。ベイリーにとって、他のイヌと一緒に走り回って遊ぶことのほうがトレーニングより楽しく、どうしても気持ちがそちらに向かうのだ。

残念なことに、ベイリーの楽しい時間は、子イヌのころの思い出でしかなくなる運命だった。ベイリーはたしかに楽しかった――ほんのわずかのあいだだけ。そして今、ベイリーの命は風前の灯となっている。

さて、最初から望ましい状態を作るべきである。子イヌは非常に柔軟性が高く、ときどきは静かにしなければいけないときもある、ということも容易に学習する。若年期のイヌを、何をしていようと、またどれほど興奮していようと、1回の要求でおとなしくさせ、コントロールするこ

とができるようになったなら、そのイヌは生涯楽しく暮らすことができる。きちんとしつけられた子イヌは、散歩にも、ジョギングにも、ピクニックにも、ドライブにも、親戚を訪ねるときも、泊まりがけの旅行にも、夏のキャンプにも、一緒に連れて行ける。子イヌのころに少し飼い主が考えてトレーニングしておけば、イヌはその長い生涯をずっと楽しく過ごせるのである。

　最低限の努力で信頼できるイヌをしつけるには、指示の意味を教えるとともに、指示に従うことで何が得られるかという意義を教える必要がある。要求に従順に従えば報われることを、ひとたびイヌが理解すれば、叱責はほとんど必要がなくなる。

　最初から、イヌが喜んでする活動をトレーニングに組み入れておく。そうすれば、他のイヌと遊ぶといった楽しい活動は、トレーニングの邪魔どころか、トレーニングに役立つごほうびとなる。

オスワリ、フセ、タテ

1. オスワリ

　1日分のドッグフードを量り、ひとつかみ取り分ける。まずドッグフードを1つ与えて「ゲームが始まったよ」と知らせる。「ローバー（実際にはあなたのイヌの名を呼ぶ）、オスワリ（Sit）」と言ってから、ゆっくりと2つ目のフードをイヌの頭の上方から後方へと、鼻からあまり離さないように動かしていく。子イヌが食べ物につられて頭を上げると、自然に腰が落ちてオスワリをする。オスワリをしたら、ごほうびとして、ルアーにしていたドッグフードを与える。魔法のようだって？　いや、これは四肢動物の脊椎の構造を機械的に利用しているにすぎない。基本的に、ほとんどの四肢動物はオスワリ以外の姿勢で真上を見上げることはできない。私たちはこれを「月に向かって吠えるコヨーテのポーズ」と呼ん

米国テレビ番組『イッツ・ア・ドッグズ・ライフ』の収録中にオスワリを覚えるプチバセットのディミティ

でいる。ご自分で試してみるとよい。イヌのように（あるいはアメフトのディフェンスの選手のように）両手両脚を伸ばし、手の指と足のつま先を床につける。その姿勢から天井の頭の真上のポイントを見上げようとする。手を床から離すか、脚を曲げてオスワリの姿勢をとらない限り不可能である。

　練習中、子イヌが地面から前脚を離してしまうとしたら、ルアーを高く上げすぎている。もっと低い位置で、頭から2、3センチくらいの高さで両目のあいだを後方に動かしていくようにする。（前脚を上げるオスワリや、後ろ脚で立つのを教えるには、「芸について」の項を参照）。イヌが後ずさりしてしまうときは、部屋の隅で練習する。

2．フセ

　子イヌがオスワリしたら、もう一粒出して匂いを嗅がせ「ローバー、フセ（Down）」と言って、すばやくそのルアーを両脚のあいだの地面ま

第3章 ●●● オビーディエンス・トレーニング

「階段法」でオスワリからフセへ

で下ろす。たいていのイヌは「遊びのオジギ」の姿勢をとる。つまり、胸骨が地面に付くほど胸部を低く下げ、お尻を突き出す形になる。(あとで『オジギ（Bow）』を教えてもよい。「芸について」の項を参照)。ルアーをゆっくりと動かす。両脚のあいだから何センチか前方に離すか、あるいは脚のあいだを後方、胸のほうに滑らせる。すると腰が下がってフセをしている。フセができたら、ごほうびとしてルアーに使ったフードを与える。

　子イヌが立ち上がってしまったら、最初からやり直す。トレーニングのこの段階で叱るのは大きな間違いである。子イヌは何を教えられているか、まったく分かっていないのだから。あわてず最初からやり直せばよい。

3. もう一度オスワリ

　子イヌがフセをしているときに、また一粒匂いを嗅がせ「ローバー、

オスワリ」と言い、そのルアーを上方へ、そして子イヌの頭の上を後方に動かす。子イヌは身体を持ち上げ、オスワリの姿勢になる。気を引くために子イヌの頭の上でフードを揺らしたり、手を叩いたりする必要があるかもしれない。なかなか動いてくれない大型犬の場合、フセからオスワリをさせるには、トレーナーにかなりの熱意と精神力が要求されることがある。やる気を出して！　オスワリができたら、その努力に対してごほうびを与える。

4．タテ

　オスワリをしている子イヌに、また新しいフードの匂いを嗅がせて「ローバー、タテ（Stand）」と言い、そのルアーを子イヌから離すように、鼻の高さで前方に、地面と平行に動かす。すると子イヌは立ち上がる。立ち上がったらすぐにルアーを少し下げ、子イヌがそれを見下ろすようにする。そうしないとオスワリに戻ってしまうことがある。しかしあまり下げるとフセをしてしまうので、下げすぎないこと。しっかりと立ったままでいられたら、ごほうびにそのフードを与える。

5．もう一度フセ

　タテの次に、もう一粒匂いを嗅がせて、「ローバー、フセ」と言って、そのルアーを両脚のあいだの地面まで下ろす。子イヌが頭を下げたら、ルアーをゆっくりと脚のあいだを後ろに動かす。すると腰が地面に落ちる。子イヌが後ずさりしてしまうときは、部屋の隅で練習するとよい。タテからフセは、姿勢の変化の練習のなかでもいちばん難しいため、忍耐強く行うこと。最初がいちばん難しいということを忘れないように。2、3回できたら、あとはずっと楽になる。

6．もう一度タテ

　フセの次に、また一粒匂いを嗅がせて、「ローバー、タテ」と言い、そ

第 3 章 ●●● オビーディエンス・トレーニング

噛むオモチャをルアーに使ってオッソを脚の下にくぐらせ、タテからフセをさせる。

のルアーを子イヌの鼻から離すように上前方へ斜めに動かす。するとイヌは立ち上がる。ルアーを揺らして子イヌを元気づけ、立ち上がるよう誘いかけるとよい。立ち上がったら少しルアーを下げて、オスワリしないようにする。しっかりと立ったままでいられたら、ごほうびにそのフードを与える。

オスワリーフセータテの連続

姿勢を指示するコマンドの順番をランダムに変化させる。または、以下の覚えやすいテスト用「一連動作」を用いる。

テスト用一連動作

> 1. オスワリーフセーオスワリータテーフセータテ
> 2. オスワリータテーオスワリーフセータテーフセ
> 3. フセーオスワリーフセータテーオスワリータテ

最低3つの姿勢を続けて要求することにより、子イヌが言葉によるコマンドを学習するスピードが上がる。2つの姿勢を交互に延々と繰り返すだけ——たとえばオスワリとフセ、つまり「イヌの腕立て伏せ」——だと、子イヌはすぐに飽きてしまい、飼い主の指示に耳を傾けることなく、次のコマンドを予測するようになるだろう。今オスワリだから、次のコマンドは「フセ」のはずだ、とすぐに学習してしまうのである。指示の順番を変化させることで、子イヌの注意力と集中力を高めることができる。

最初の「一連動作」では、姿勢を変えるたびにごほうびを与える。2度目は、姿勢の変化1つおきに、次は2つおきに、とごほうびを与えるまでの間隔を広げていき、1回の「一連動作」を1つのごほうびでできるようにする。何回か練習すれば、1つのごほうびで、十分「一連動作」を続け

第3章 ●●● オビーディエンス・トレーニング

て何度か繰り返せるようになる。一度に5回以上繰り返さないこと。ごほうびは、特別に素晴らしく立派にできたときだけにする。

　前頁の「一連動作」を1日最低50回は実行して、飼い主と子イヌとで完璧にできるようにする。しかし、絶対に50回続けてしてはならない。そんなことをしたら、イヌは退屈しきってしまう。また、1回のトレーニング・セッションでまとめてすると、イヌはトレーニングのときにだけ、たとえば食事の前のキッチンでだけ、確実に反応するようになってしまう。いつでも確実に反応できるイヌを育てるには、さまざまに異なる状況で、常時トレーニングを重ねなければならない。最低限の努力でこの目標を達成するには、日常生活のなかにトレーニングを組み入れることである。冷蔵庫を開けるたび、お茶をいれるたび、トイレにいくたび、本や雑誌や新聞のページをめくるたび、テレビをつけるたび、CMが入るたび、ともかく思いつく限りの機会をきっかけにして、そのつどイヌを呼んで「一連動作」を1回だけ練習する。散歩のときも同じように、リードを付けるたび、外すたび、玄関を出るたび、他のイヌや人に出会うたび、街灯の前を通り過ぎるたび、通りを渡る前とあとなど、さまざまなきっかけをとらえて、1回ずつ「一連動作」を行う。こうすれば、日常生活にさほど支障をきたすことなく、毎日簡単にミニトレーニングを何百回か繰り返すことができる。それどころか、子イヌが急速に若年期へと向かうころには、飼い主のほうの日常生活も、よくしつけられたイヌと一緒のほうがむしろうまく過ごせることに気づくことだろう。

ルアーとごほうびをなくしていく

　お気づきかもしれないが、ここまで、食べ物のごほうびを2つの非常に有効な方法で用いてきた。ひとつは子イヌに違う姿勢をさせるルアーとして。もうひとつは子イヌが言われた姿勢をとったときの正しい反応を

強化するごほうびとして。

　食べ物は、強制せずにイヌから反応を引き出すルアーとして最良のものである。また、大半のイヌにとって食べ物は非常に効果的なごほうびでもある。ルアー・ごほうびトレーニング法、とくにトレーニング用トリーツをルアーとごほうびの両方に用いる方法は、間違いなく、トレーニングの最初の2段階を最も早く簡単に、効率よく効果的に、そして楽しく終える方法である。最初の2段階とは、イヌに（1）指示の意味を教える、（2）指示に従うと何が得られるかの意義を教える、の2つである。

　気質トレーニングの練習でトリーツを与えすぎることはそうないが、オビーディエンスを教えるときには、飼い主が食べ物によるトレーニングの効果に頼りすぎてしまい、（1）ルアーとして食べ物を使うことから卒業できなくなったり、（2）ごほうびとしてトリーツを与えすぎたりしてしまうことが多い。食べ物をルアーとしていると、他の方法ではイヌが従ってくれないように思えてきて、すぐに食べ物にばかり頼るようになる。そうすると、イヌはあっという間に、飼い主が手に食べ物を持っているときにしか従わないようになる。トレーニングでごほうびを与えすぎる場合も同様で、またたく間にごちそうの価値が下がり、「甘やかされたイヌ」に育ってしまう。

　食べ物のルアーとごほうびが持つ価値は、トレーニング上たいへん大きいため、食べ物を使わないというのは、イヌにとっては不当であるし、飼い主にとっても使うにこしたことはない。とはいえ、大切なのは子イヌが正しく反応するようになったらすぐに、つまり初めてのオスワリの直後から、食べ物を減らし始めることである。だれだって、一生ずっと、イヌを従わせるためにトリーツの袋を持って歩きたくはない。どんなトレーニング・プログラムでも、ときおり食べ物を用いることはある。とくに素晴らしい反応をしたときの特別なごほうびとして、また新しい練習を教えるときのルアーとして。けれども、イヌが何かを進んでしようとするのは、必ずしも飼い主が食べ物を手にしていることが条件ではな

い、というところがポイントである。

　イヌには、要求に従うとどうなるかという意義を教えて、進んで従う気にさせる必要がある。そうしないと、子イヌは最初に、劇的にさまざまなことを学習したあと、やはり劇的にすべてを忘れてしまう。単に要求の意味を理解したからといって、それに応じるとは限らないのである。最初のトレーニング中、気が散るもののない環境では、食べ物は大半のイヌにとって非常に良いごほうびとなるが、子イヌが他のイヌと遊びたがっているときは、それほど効果を発揮しないかもしれない。トレーニングをイヌの生活に組み込んでいくことで、しだいに食べ物のごほうびをなくしていき、代わりにイヌの生活でもっと価値があり、意義のあるごほうびを与えるようにする。こうして子イヌは要求の有意義さを学習し、それに従おうとするのである。

　最初の段階として、食べ物のルアーを言葉のコマンドとハンドシグナルに置き換える。ここでは指示の意味を教える。いったん子イヌが言葉のコマンドとハンドシグナルの意味を学んだら、反応を引き出すルアーとして食べ物を使う必要はなくなる。「オスワリ」という単語が言葉のルアーとなり、ルアーを持った手の動きがハンドシグナルとなっているからである。トレーニングの第2段階では、食べ物のごほうびを生活のなかで価値のあるごほうびに置き換える。指示に従うことの意義を教えるのである。

　最初の段階から、食べ物をルアーとしてのみ用いるセッションと、ごほうびとしてのみ用いるセッションとを交互に行う。イヌは以下のことをただちに学ぶ。(1) 飼い主が手においしいものを持っているからといって、それをもらえるとは限らない。(2) 飼い主がトリーツを手にしていなくても、正しく反応すればトリーツがもらえることがある。

食べ物のルアーをなくしていく

　トリーツはポケットにしまい、食べ物を持たずにオスワリと言い、食

べ物のルアーを持っていたときと同じ手の動きをする。これまで食べ物を持つ手で練習してきたイヌは、手＋ルアーの動きを目で追うことを学んできたため、すでにこれがハンドシグナルとなっている。したがって、子イヌは何も持っていない手の動きを追って、ほぼ例外なくオスワリをする。

　子イヌがオスワリをしたら大げさにほめ、すぐにポケットからトリーツを出してごほうびとして与える。何回か繰り返すと、「オスワリ」という言葉がルアーとなる。子イヌはもうその言葉の意味を理解しており、そう言われればオスワリをする。

　イヌにとっては、言葉のコマンドよりもハンドシグナルのほうが反応しやすいという点は覚えておく価値がある。他のイヌの耳の動き、振られている尻尾、姿勢、人間の手の動きといったボディランゲージのほうが、イヌにすれば自然で、反応しやすいものなのである。したがって言葉の要求に反応できなかったら、子イヌに助け船を出して、すぐにハンドシグナルを見せるとよい。

　食べ物をごほうびとしてだけ使っているとき、必要ならば、ハンドシグナルを補う他のルアーを利用する。たとえばテニスボール、キュッキュッと鳴るオモチャ、噛むオモチャ、食器など、子イヌが好み、鼻や目や耳で動きを追うものであれば何でもよい。

　夕食も練習の機会となる。子イヌの食事を用意して、食器をカウンターの上に置く。ハンドシグナルか言葉、またはその両方で、オスワリかフセかオスワリ－フセを要求する。できたらほめ、食器からドッグフードを1つ取り出して与える。子イヌが反応しなくても、あわてることはない。食器をカウンターに戻し、あとでもう一度挑戦すればよい。

　子イヌはすぐにこのやり方に慣れる。提示しているのは単純な選択で、オスワリをして食事をもらうか、オスワリをしないで食事をもらわないか、この2つだけだからである。子イヌは、飼い主の手に食べ物がない状態で練習することに慣れるだけでなく、そう言われたときにオスワリす

ることの意義を学び始める。

これは大切な点だが、コントロールの問題——イヌが、飼い主が食べ物を手にしているときにだけ従う——が起こるのは、主に飼い主が食べ物を持っていないことをイヌが知っているからではなく、飼い主の側が、食べ物がないことを意識して不安になり、試そうとすらしないからなのである。ともかくやってみよう。自信を持って、食べ物のルアーなしでチャレンジするのだ。

食べ物のごほうびをなくしていく
1.「一連動作」を長くする

最初のトレーニングでは、一度オスワリしただけでも、十分ごほうびに値するかもしれないが、トレーニングを重ねていくと、それだけでごほうびを与えるわけにはいかない。子イヌにはトレーニングを通じて向上してもらいたいので、繰り返すたびに、同じごほうびで少し多くのことを要求していく。たとえば4歳児が2＋2＝4の計算ができたら二重丸をあげてもいいかもしれないが、40歳の数学教授がこの計算をしたからといって二重丸には値しない。イヌも同じである。ほめ言葉とごほうびを見きわめる眼を持つべきである。

1つのトリーツでオスワリを進んですばやくできるようになったら、次は少し多くを要求する。オスワリしてからフセをしたら、前よりわずかにトリーツを減らす。その次はオスワリ－フセ－オスワリの連続をさせ、さらにトリーツを少なくする。トレーニングを進めるにつれ、少しずつ「一連動作」の長さを長く、つまりごほうびに必要な反応の数を増やす。と同時に、ごほうびの量も減らしていく。より少ないごほうびでより多くのことを求めていくと、最終的に、イヌは何も与えなくても永遠にコマンドに従うようになるはずである。

消去試験をしてみよう。食べ物をルアーとしてのみ使い、子イヌが何回腕立て伏せ（オスワリとフセの連続）をするかを見るのである。たと

えばゴールデンレトリバーの子イヌなら、まったく初めてのトレーニングのときでさえ、たった1つのトリーツを期待して平均10回の腕立て伏せ（つまり20の反応）をする。

2. マテを長くする

　反応の数を増やすことに加え、反応してからごほうびを与えるまでの時間を長くする。急いで口に食べ物を詰め込んではならない。食べ物は、与えるのを遅らせるほど、イヌの注意を引くことができる。オスワリさせたまま、ほんの2秒ほどトリーツを与えるのを待つ。最初のトレーニングでは、トリーツを与える前に、口に出して数を数えながらほめるとよい。「いい子だワン、いい子だツー」と。次は、マテをしているあいだに3秒数えてトリーツか、噛むオモチャか、骨を与える。これを5秒、8秒と伸ばしていく。

　途中で子イヌがマテを止めてしまったとしても、叱る必要はない。子イヌはまだ何をしているか分かっていないのである。たいしたことではない。もう一度オスワリの要求（とハンドシグナル）をし直すだけでよい。正しい姿勢をとったらすぐにほめてやり、また1から数え直す。子イヌは好きなだけ飼い主の周りをウロウロしてよいが、言われた姿勢でマテを決まった時間だけ続けない限り、トリーツはもらえない。子イヌはすぐに、「ジッとしている」ことがごほうびをもらえるいちばんの早道だということを学習する。

　しかし、3回続けて失敗したときは、いったんこの練習を終わりにする。まだ難しすぎたということだ。ポーカーでもトレーニングでも、見込みの薄い賭けは続けないというのが鉄則である。それでも、いつでも最後はうまくできて終わりにすることが大切なので、オスワリーフセで落ちつかせて、もう一度挑戦する。ただし簡単な姿勢（たとえばオスワリ）で、マテの時間も短くする（たとえば、5秒ではなく、2秒にする）。

　食べ物のルアーを手に持って、ごほうびとして与えるまでだれがいち

ばん長く子イヌにマテをさせられるか、家族で競争するとよい。我慢比べである。子イヌはすぐに、たっぷり3分オスワリ-マテ（Sit-Stay）をして、本物の骨をもらうようになる。

このプロセスをフセの姿勢でもタテの姿勢でも繰り返す。オスワリとフセとタテの「一連動作」の練習をしているときは、姿勢の変化をすばやくするのではなく、どれかの姿勢のときにさまざまな長さのマテを挟むようにする。たとえば、オスワリ、フセ-マテ（15秒）、オスワリ、タテ、フセ、タテ-マテ（3秒）、オスワリ-マテ（10秒）といった具合である。

3. 分化強化

子イヌが1つの食べ物のごほうびで複数の反応——たとえば10の反応や、平均20秒のマテ——ができるようになったら、次の問題は、食べ物のごほうびを与えるベストタイミングはいつか、ということになる。ごほうびは、良い反応に対して与えるべきなのは明らかであるが、ごほうびトレーニングの効果は、より良い反応にごほうびを与えること、最高の反応に最高のごほうびを与えることによって得られる。それぞれの反応のレベルを評価し、それに応じてごほうびを与えるとよい。厳密に判定すること。最低でも平均以上の反応をしない限り、ごほうび自体必要がない。比較的良い反応だけが強化されることに子イヌが気づいたなら、一生懸命、より良い反応をしようとするようになる。

4. 生活のなかのごほうび

1つの食べ物のごほうびで相当長い「一連動作」をこなせるようになったら、今度は、食べ物のごほうびの代わりに、もっと価値のあるごほうびをもらう短いセッションを行う。たとえば、オスワリ-フセ-もう一度オスワリができたら気前よくほめてかわいがり、「遊びにいっていいよ（Go Play）」とかボールを「モッテコイ（Fetch）」と言う。必要なら食べ物のルアーを使う方法に戻って従わせる。

最初、気を散らすものがない環境で教えるときは、食べ物は優れたごほうびになるが、現実の生活環境では、よほどの食いしん坊でない限り、食べ物のごほうびの効果は薄れる。飼い主は、オスワリをして食べ物のごほうびを受け取ってほしいと思っているのに、イヌは走り回って遊びたがる。よくある状況だが、この場合、気を引いているその対象こそが有効なごほうびとなる。つまり、生活のなかのごほうびである。この取引は簡単で、イヌはすぐに理解し、満足する。「オスワリしたら遊びに行かせてあげる。しないならダメだ！」。こうした意義を教えるトレーニングは非常に効果的で、容易で、短期間でしつけられる方法である。

「オフ」「取れ」「ありがとう」

　この3つは非常に役に立つコマンドで、食事の時間に教えるとやりやすいだろう。食事を始めるとき、まず食べ物を手から与えることで、子イヌは食べ物をやさしく取ることを学ぶ。このとき「オフ！（Off！）」と「取れ！（Take it！）」を教えるとよい。「オフ！」は、「取れ！」と言われるまで食べ物に触ってはいけないという意味である。最初は、一定時間触らなければ、そのあとで必ず食べ物を与えるようにし、徐々に触らずにいる時間を長くしていく。触るのを止めたり、触らなかったりしたときにほめることが、ともかく大事である。

　子イヌにドッグフードを2つ与え、3つ目を指でしっかりつまむ。子イヌに匂いを嗅がせて、なめさせ、そこで「ローバー、オフ」と言う。そのあとも好きなだけ手のトリーツに触らせてよい。最後には子イヌもあきらめてマズルを引っ込める。子イヌが手から離れた瞬間に「ローバー、取れ」と言って、ドッグフードを手のひらに載せて、食べさせる。つまり、触るのを止めたごほうびを与えるのである。これを何度か繰り返したら、次は、触るのを止めてから食べさせるまでの時間をほんの何分の1

秒か長くしてみる。それから、触るのを止めてからたっぷり1秒とり、その次は2秒とる。なめたり脚を出したりしないでいるあいだずっと、子イヌをほめ続ける。「いい子だワン、いい子だツー」と数え、それから「ローバー、取れ」と言う。これを3秒、5秒、8秒と伸ばしていく。

　「オフ」は、ずっと食べ物に触れないことを意味するものでなく、「取れ」のコマンドを待ちさえすれば、ドッグフードがもらえるばかりかたくさんほめてもらえ、しかも、おいしいトリーツをさらに追加してもらえるかもしれないと分かれば、子イヌは自信を深めていく。

　ほんの数秒間、食べ物に触らずにいることを子イヌが覚えたら、その後の進歩は早い。コツは、トレーニングの早い段階をうまく進ませるよう、ごくごく短い時間から始めることである。まだ「取れ」と言わないうちに、鼻や脚で食べ物に触れてしまったときは、もう一度「オフ」と言って、ゼロから数え直す。子イヌは、トリーツをもらういちばんの早道は、一切触らないことだと学ぶのである。

1.「オフ！」　　　　2.「取れ！」

子イヌが突っ込んできてドッグフードを奪おうとしても、絶対に離さず、大きな声で「痛い！」と言い、痛そうに、しかし毅然と「オフ！」と繰り返して、またゼロから数え直す。けっして食べさせてはいけない。

　子イヌに乱暴に食べ物を取らせてはいけない。しかし取ったとしても、罰を与えたり、大声で叱ったりする必要はない。必要なのは、痛かったと知らせることだけであり、これを知らせることは不可欠である。そんなときは、ゆったりした調子で「やーさーしーく」と話しかけてから食べ物を取らせる。子イヌが食べ物を奪い取ったり、手を傷つけたりするようなら、食事をすべて手から与えるようにする。この問題はただちに解決する必要がある。

言われたとおりに私の父のスリッパを持ってきて食べ物のごほうびをもらうダート

第3章 ●●● オビーディエンス・トレーニング

「ありがとう」を教えるには、子イヌにとってそこそこ価値のあるもの、たとえば棒や噛むオモチャ、古くなったドライボーンなどを使う。子イヌがドライボーンを噛んでいるときに、とてもおいしいトリーツを片手に「ありがとう」と言い、もう片方の手でドライボーンをつかんで、「取れ」と言ってトリーツを差し出す。子イヌがトリーツを食べ終わったら「オフ」と言ってドライボーンを見せ、何秒かしてから「取れ」と指示する。これを何度か繰り返してから、子イヌにとってもっと価値のあるもの、たとえば本物の骨や、そのイヌの食器、ティッシュペーパーなどでやってみる。

この練習で、イヌは急速に、大切なものの近くに人間がいても大丈夫だと確信するようになっていく。少々擬人化した言い方を許していただくなら、イヌはこんなふうに考えていることだろう。「ありがとう」というのは、もう飽きた古い骨を飼い主が預かって大切に保管してくれて、そのあいだにとてもおいしいトリーツを味わえることなのだと。

「オフ」「取れ」「やさしく」「ありがとう」には、たくさんの役に立つ応用法がある。「取れ」は、怖がりのイヌに知らない人からのトリーツやオモチャを受け取らせるときに、「やさしく」は、良く知らない子どもからの食べ物のもらい方を教えたり、ネコや引っ込み思案のイヌとの遊び方を教えるときに使える。「オフ-取れ-ありがとう」のセットは、あとでモッテコイの練習をするときの入門編として効果を発揮する。

「オフ」は、「触るな。ずっと」と指示するときに使うこともできる。つまり「オフ」だけ言って、「取れ」を言わないのである。ともかく何かに触らないよう指示するときに「オフ」を使うことができる。赤ん坊のおむつにも、赤ん坊自身にも、お隣のウサちゃんにも、死んだカラスにも、何だか分からない生き物の糞にも、ガラガラヘビにも、怖がりのイヌや大きくて攻撃的なイヌにも、近づかせたくないときに使う。また、他のイヌとケンカになりそうなときにも、警告として使える。

「ありがとう」は、イヌがすでに確保しているものを取り上げたいとき、

たとえばティッシュの箱やCD‐ROM、夕食のローストビーフを取り戻したいときに使える。「ありがとう」といってイヌをほめ、適当な嚙むオモチャなどを取ってこさせる。

「オフ」は、食べ物のルアーを使ってのトレーニング中に、手にベタベタとくっついて来ないようにするためにも使えるだろう。たとえばツケのトレーニングで、トリーツを揺らして子イヌを集中させ、近くに寄るよう誘うと、刺激が強過ぎて、その食べ物を取ろうとすることがよくある。ツケ（Heel）のときに食べ物のルアーに鼻を近づけ、取ろうとしたからといって子イヌを叱ると、ツケに対して罰を与えることになってしまう。子イヌは、ツケはつまらないと覚えてしまうかもしれない。叱らずに、静かに「オフ」と言ってからトリーツを勢いよく揺すり、積極的にツケをさせる。

イヌの「スイッチを切る」

「チビちゃんのスイッチを切る」秘訣を知っておくことは、非常に大切である。疲れを知らないイヌと暮らしていて、イヌの動きのスピードや持久力が年々高まっていくことに気づくと、飼い主も参ってくる。ときどきは、とくに飼い主が望んだときは、おとなしく静かにしていられるようでなければ、そのうちに飼い主も耐えられなくなる。

最初から望ましい状態を確立すること。1日何回か、5分でも30分でも、子イヌをリードにつないで落ちつかせ、静かにさせる。「落ちついて（Settle Down）」というのは、その場で静かにのんびりとフセをさせるコマンドである。イヌは伸びをしても、丸くなっても、横向きや仰向けに寝ても、「スフィンクス」の姿勢を取ってもかまわない。ともかく、人間には「ちょっとした静かな時間」が必要だということを早い段階から教えなければならない。この練習を忘れずに定期的にするには、飼い主の生活と組み合わせるのが良い。たとえば、家族のそれぞれが、新聞を読んだり、コンピューターを使ったり、テレビを見たり、夕食の支度をし

第 3 章 ••• オビーディエンス・トレーニング

たり、食事をしたり、ベッドに入ったりするときに、子イヌを横でおとなしくさせる。リードを付けたり、つなぎ紐を使ったりすると楽にできる。最初は子イヌも落ちつかなかったり、鳴き声を上げたりするかもしれないが、何日かすればやり方をのみ込む。

　最初は子イヌをすぐ横に置いて落ちつかせるが、その後は離れた場所で、あるいは別の部屋で落ちついていさせる。「……へ行け（Go to...）」コマンドと組み合わせて、子イヌの居場所（ドッグベッド、バスケット、クレート、つなぎ場所など）に行って落ちついていなさいと指示するといいだろう。たとえば、マットへ行けと指示して、トリーツを手にマットまで導き、フセをしたらトリーツを与える。ごく小さな子イヌなら、場所のコマンドを簡単に覚える。たとえば、バスケットがいつでも同じ場所に置かれているなら、「バスケットへ行け」という要求を、子イヌはあっという間に覚える。子イヌがジッとしているあいだ、ときどきほめ、かわいがったり、特別なトリーツを与えたりする。子イヌが動こうとしたら、ただ「マットへ行け」とか「落ちついて」と要求を繰り返す。このときは、もっと子イヌの近くに寄ってコントロールする。

　マットとクレートはとくに役に立つ。持ち運びできるため、旅行のとき、夏のキャンプのとき、おばあちゃんの家に行くときにも使える。マットを広げたりクレートを組み立てたりするのは簡単だし、車から荷物を下ろすあいだ、そこで落ちついていなさいと指示できる。

　「落ちついて」のコマンドで、ひどく騒々しいチビちゃんでも、家で言うことを聞くようになる。けれども、イヌというのはものごとを細かく区別する動物である。教えられたことをそのまま学習する。つまり、家で落ちついていることを教えられたとしても、公園や、動物病院の待合室では相変わらず騒ぎまくるのである。そのため、この練習は家以外の場所でも行う。

　十分大きくなったら（予防注射を全部終えたら）外に連れ出し、散歩の途中で「落ちついて」のトレーニングをする。新聞か面白い小説を持

っていく。曲がり角ごとに子イヌに「落ちついて」と言い、何ページか読んで、また歩く。興奮しやすい散歩の途中に静かな時間を差し挟むことは、落ちつくことを子イヌに教える方法としてとくにお勧めである。また、短い静かな時間は、散歩の再開によって強化される。つまり、散歩を良い振る舞いのごほうびとして、何度も使えるということなのである（逆に、これをしないと、散歩を1回だけのごほうびとして使うことになり、そのため、散歩に行こうと帽子やコートを身につけたり、リードに手を伸ばしたりするのを見たイヌが馬鹿げた振る舞いをするのを、知らず知らずのうちに強化してしまいがちである）。家や公園での遊びのセッション中にも、ときどき短いタイムアウトをとり、イヌをいったん落ちつかせてから、また遊びを再開するようにする。

　このトレーニングの目的は、無理やり何時間も続けておとなしくさせて子イヌの楽しみを奪うことではなく、子イヌが興奮しているときに何度も落ちつく練習をすることである。こうして飼い主は必要なときに

最初はすぐ横で落ちつかせる。

「イヌのスイッチを切る」方法を学ぶ。注意が散漫になり、遊びたがっている子イヌを30秒おとなしくさせていられるようになったら、数分のあいだおとなしくさせることは簡単にできるようになるだろう。難しいのは最初に落ちつかせることで、ずっとおとなしいままでいさせることではない。そこで、1回の散歩や1回の遊びのセッションのあいだに何度も、短時間おとなしくしているよう求めることが必要になる。これを確実にするコツは、生活のなかにトレーニングを組み入れることである。

マテ

　「マテ（Stay）」は「落ちついて」とは異なる。「落ちついて」のほうは指定された場所で静かに待つことだが、どんな楽な姿勢でもよい。「マテ」の場合は、その場で要求された姿勢を維持しなければならない。「落ちついて」も、さまざまな姿勢での「マテ」も、多くの場面で役に立つ。「落ちついて」は、一般に家で、ピクニックで、車のなかで、動物病院の待合室で、比較的長時間待たせるときに使う。「マテ」は短時間向けである。「オスワリ－マテ」はドアを開けるときや車から降りるとき、人にあいさつするときに使える。「フセ－マテ」は騒々しい子どもや恐がりのイヌ、攻撃的なイヌが近くにいるときのコントロールに有効である。「タテ－マテ」と「バン（Bang）」（「芸について」の項を参照）は、トリミングや診察を受ける際に欠かせない。

　「落ちついて」のコマンドにきちんと従うようにしておくことが、決まった姿勢でのマテを教える基本である。子イヌが指示した場所でジッとしていることを学んだら、一定の姿勢でマテを教えることも楽になる。また、抑制的なコマンドの「オフ」を教えたときに、自分からおとなしくしたり、見事なタテ－マテ、オスワリ－マテ、フセ－マテをしていることに気づいた飼い主もいるかもしれない。さらに、家族のだれかが、

「マテを長くする」練習でかなり長い間ジッとさせることに成功しているかもしれない。「マテ」の学習の成否は、(1) 最初から成功するようにごく短い時間から始めることと、(2) 正しい姿勢を取っているあいだ、頻繁にごほうびを与えることにかかっている。

　マテを教えるには、すでに説明した「マテを長くする」時間を伸ばせばよい。最初からうまくいくよう、ごく短いマテから始め、成功したらごほうびを与える。ほんの少しずつマテの時間を伸ばす。無理をして失敗させてはいけない。失敗は、飼い主がいら立ち、子イヌが罰を受けるだけで、どちらにとっても良いことではない。トレーニングでは楽しい学習体験を目指すべきである。

　しかし残念なことに、子イヌにマテを教えるときに、ことごとく間違ったやり方をする人がいる。軍隊の新兵訓練のように命令し、無理やり

テレビの前のフェニックス。CM中に練習すると、オスワリーマテのあいだに頭が下がっていないかどうかチェックしやすい。

姿勢を取らせ、その姿勢でいるあいだずっとにらみつけ、一言も感謝の言葉を口にせず、あくまで子イヌが失敗をするギリギリまで追いつめて、予想どおり子イヌがマテを崩すと、かわいそうに、叱責して力づくでもとの姿勢に戻させる。何かに罰を与えたいのなら、岩でも相手にしてもらいたいものだ。イヌにマテを教えたいのなら、正しく適切なやり方でしょう。

　マテをしている子イヌは、一見何もしていないように見えるが、実は長時間にわたって運動を抑制している。小さな子イヌにとって、これは実にたいへんなことなのである。この努力は、十分なほめ言葉やごほうびに値する。

　動かないことを指示する消極的なコマンドとはいえ、マテを教えるトレーニングでは、最初から積極的に教えなければならない。たしかな注意を引きつけるには、飼い主も子イヌにたしかな注意を払う必要がある。マテをすばやく教えるために、子イヌのわずかな動きも見逃さず、常にフィードバックを与え続けなければならない。「いい子だ、ローバー、オスワリーマテ」という一連の言葉は、4つの情報を伝えている。(1) 賞賛、(2) 子イヌの名前、(3) 特定の姿勢、(4) それから概念的なコマンド「マテ」である。

(1)「いい子だ」

　一定の間隔で子イヌをほめると、子イヌはここまで自分がうまくやってきていると分かる。とくに最初のトレーニングでは繰り返しほめ続け、正しくできたときにはごほうびを与えることが大切である。たとえばマテが15秒しかできなかったとしよう。15秒間おとなしくマテをしているのをジッと見ていて、最後にマテを止めたことを叱責するだけだと、イヌは、15秒後に罰を受けるマテはつまらないことだと学習してしまう。しかし、3秒ごとにほめてやれば、少なくとも12秒目まではごほうびを受け取ることになる。ただ最後にマテを止めたことをやさしく叱るのであ

る。こうしてイヌは、マテは良いことであり、マテを止めるのが悪いことだと学習する。こうしてこそ効果があるというものである。

　罰のみを使うのは逆効果である。マテを不安定にし、飼い主への信頼を損なうことにつながる。いっぽう、ごほうびは与えるごとに各姿勢でのマテを強化し、イヌの自信を培い、ときおり指導的に叱責されてもそれを受け入れ、そこから学べるようにしていく。

　マテの意味と、それに従う意義をまだ理解していない子イヌを叱るのがいけないことは、言うまでもない。その段階の子イヌにマテができなくても、叱らずにオスワリからあらためて要求し、（6秒、8秒といった）短いマテを簡単な姿勢で何度か繰り返す。マテをしているあいだずっとほめ続け、短いマテが最後までできたらごほうびとしてトリーツを与える。そうしてからあらためて、15秒のマテに挑戦すればよい。

(2)「ローバー」

　コマンドを出す前に子イヌの名前を呼んでやると、それが他の子イヌのフィドーやジェイミーに対するものではなく、自分（ローバー）に対するコマンドであることが分かる。子イヌには名前があるのだから、それを使おうではないか。「ローバー、オスワリ」「ローバー、フセ」「ローバー、オスワリ－マテ」「いい子だ、ローバー」「よくできたね、ローバー」。

(3)「オスワリ」

　3つ以上の姿勢で「マテ」を教えるときは、マテをさせている姿勢（ここでは「オスワリ」）のコマンドだけを繰り返し使うことが大切である。そうしないと子イヌが混乱することがある。

　姿勢を崩してもその場にいたり、飼い主のところに走ってきたりするのは、何をしたらいいのか混乱しながらも、飼い主を喜ばせようとしているしるしである。いっぽう、マテを崩して他のイヌと遊びに行ってし

まうときは、遊びたくてそうしている。いずれにしても、どちらの子イヌも指示を理解できていない点では同じで、トレーニングが不十分なのである。最初からやり直そう。

トレーニングが進んでくると、「オスワリ！」は、マテを崩したことに対する指導的叱責として使うとよい。

(4) 「マテ」

イヌに「マテ」を言ったことのない人はまずいないだろうから、あらためて説明はしない。ただ、叫んだり、脅すような調子で言ってはいけない。命令する必要はなく、礼儀正しく頼めばよいのである。やさしい声で「オスワリ—マテ」と言う。よくしつけられたイヌなら、ささやき声でも進んで従う。もちろん、ていねいに求めたからと言って、イヌに、従わなくてもよいという選択肢があるわけではない。しつけの済んだイヌがマテを崩したときは、叱責する。

マテのあいだは、飼い主に注目させるようにするほうがよいが、飼い主のほうが注意を向けていないと、イヌも飼い主に注意を向けない。また、イヌの注意が離れると、イヌ自身も離れていってしまう。マテのトレーニングの最初の段階は、どんなトレーナーでも手のかかる大変な努力を強いられるものだが、やりすぎてはいけない。短いマテを何度も繰り返したら、子イヌを自由にして、リラックスさせる。1回長いマテを求めて失敗し、子イヌは疲れて混乱し、飼い主もクタクタになってすっかり機嫌を損ねてしまうよりは、短いマテを何度も成功させ、子イヌも飼い主も満足しているほうがずっといい。この点はぜひ心に留めておいてほしい。

子イヌが、30秒間オスワリ—マテとフセ—マテをできるようになったら、間違ったときにはやさしく叱ってよい。ただし叱責は即座にすること。また指導的叱責でなければならない。子イヌがマテを止めようかと考えた瞬間に、断固とした口調で「オ・ス・ワ・リ—マ・テ！」と言い、

はっきりとしたハンドシグナルを出すのである。

　このような指導的叱責は、ごく短い時間のあいだに2つの重要な情報を子イヌに伝える。その声の調子と大きさで、子イヌは自分が何か間違いをしようとしていることが分かり、言葉の意味から、間違いを正すために何をすれば良いかが分かる。きちんとオスワリ－マテに戻った瞬間に、あらためてほめる。やさしく話しかけると、イヌは落ちつき、姿勢を維持しやすくなる。

　子イヌの気が散りそうなときに注意を集中させるには、指導的叱責の「オスワリ！－マテ！」がとくに有効である。また、もっとも人道的な叱責でもある。手を伸ばして首輪を引っ張るには時間がかかる。イヌのところまで足を運んで首輪に手をかけるのはもっと時間がかかる。また、このように遅れて罰を与えたのでは、マテを崩したことに対する罰にはならず、飼い主が近寄って首輪をつかむまでそこで待っていたことに対する罰になってしまう。今後イヌは、だれかに首輪をつかまれるまでジッとその場にいたりはしないだろう。こうなると、マテもせず、その場にジッとしていることもないイヌができあがってしまう。ハンドシャイにもなる。これではいけない。指導的叱責を使うべきなのである。

　しかし、指導的叱責を与えても子イヌがすぐにオスワリをしないときは、次のようにする。

(1) **その場での対応**

　すばやく、しかしやさしく両手で首輪のあごの下の部分をつかみ、イヌの目を見つめながらゆっくりとマズルを持ち上げる。子イヌは、飼い主を見上げる状態になったら、すぐにオスワリをする。留意点として、いったん首輪をつかんだら、子イヌが指示した姿勢に戻るまで離さないこと。

　首輪に手を伸ばしたときに子イヌが尻込みしたり、飛びのいたり、頭を下げたり、逃げ出したりするときは、マテのトレーニングはいったん

第3章 ●●● オビーディエンス・トレーニング

車が大好きなイヌでも、きちんとしたオスワリーマテで落ちついていられる。

中断し、もとに戻ってすぐにハンドシャイを治す「首輪つかみテスト」を行う。なぜ子イヌは手を恐れるのか。自分がしたことを思い出してみよう。そこに答えがある。

(2) 長期的な対応
　もとに戻って、「オスワリ」の指示の意味と意義とを教え直す。
　イヌから離れてトレーニングしているためにすぐに首輪をつかめないときは、以下のようにする。
①その場での対応
　できるだけすばやく近づきながら、指導的叱責を繰り返す。「オスワリ！……オスワリ！……オスワリ！」指示したマテの姿勢に戻ったらほめる。
②長期的な対応
　以後10数回のマテは、イヌの近くで行う。横に立ってもっと長いマテが確実にできるようになるまで、イヌを離さない。イヌが間違ったとき

に同じ練習を繰りかえそうとすると、また同じ間違いをする。自分を（そしてイヌを）失敗に追い込んではいけない。再び離れた場所でマテを成功させようとする前に、さらにプルーフィングを行っておかなければならない。

イヌにマテを崩させる要因はいくつかある。(1) マテの長さ。(2) 気を散らすもののレベル。(3) 飼い主が離れていくこと。(4) 飼い主が近寄ってくること。マテの長さと気を散らすもののレベルは、飼い主が近くにいればハードルを上げていけるだろう。少なくとも数分間、気が散るものが非常に多い環境のなかで、完璧なマテができるようになるまでは、イヌから離れることを考えてはいけない。

イヌのすぐ近くに立って（念のためリードを付けて）練習する。このとき標準的な気を散らす方法——手を叩く、テニスボールを弾ませる、子イヌがギリギリで届かないところに食べ物を置く、など——を実行する。次に、家族や友人、とくに子どもたちを動員して、走ったり、スキップしたり、踊ったり、大声を上げたり、ともかく大騒ぎしてもらう。さらに、子どもの遊び場やバスケットコートの近く、他の動物のそば、人通りの多い歩道で練習する。最後に、遊びのセッション中にマテの練習をする。飼い主のすぐ横でのマテが完璧にできたなら、離れてのマテも楽に教えられるようになる。

離れてのマテをする前に、飼い主の動きに慣れさせる必要がある。イヌの周りを回りながら、飛び上がったり、膝を付いたり、横になったり、仰向けに転がったりと、急激な動きや妙な動きをする。そのあいだイヌは絶対に動かないようにさせる。イヌから離れるためには、まず、ジッとイヌのようすを見守りながら半歩下がる。そのあいだずっと「いい子だ、ローバー」と、ほめ言葉をかけ続ける。そしてすぐにイヌのもとに戻ってトリーツを与える。

この過程を何度も繰り返し、離れる距離を徐々に伸ばしていく。屋外で、数メートル以上離れてマテの練習をするときには、リードで木につ

なぐか、だれかにリードを持ってもらうか、自分でロングリードや伸縮リードを持つようにする。どんな使い方をするにせよ、リードは地面につくようにたるませる。リードは、子イヌが走り寄ってきたり逃げたりしないよう、念のために付けているだけで、子イヌをジッとさせておくためではない。子イヌをおとなしくさせられるのは、飼い主の頭と声なのである。

ツイテコイ

　子イヌには最初から、家のなかや庭など、フェンスで囲まれた場所や安全な場所で、飼い主に「ついていく」という発想を教えておくのがよい。「ツイテコイ（Follow）」の原理は、理論的には単純である。飼い主が前を行き、子イヌがついていく。しかし、実践面を見ると、ツイテコイの練習はもうすこし複雑で、眺めていると非常に面白い。

　最初の練習セッションで飼い主はすぐに気づくだろうが、これは飼い主とイヌのしつけ合いになる。加えて、たいていの場合、子イヌが飼い主をしつけるスキルは、飼い主が子イヌをしつけるスキルをはるかに上回っている。一般にリーダーシップを発揮し、自ら自由に動き出すのは子イヌのほうで、飼い主はそれに従い、待ち、立ち止まり、ついには子イヌの周りをクルクル回ったり、何とか子イヌに合わせようとする。

　子イヌの注意を引き、ついてこさせるコツはごく単純である。「ローバー、ツイテコイ」とコマンドを与えてから、イヌから遠ざかる。イヌが動き始めるまでジッとしていてはならない。すぐに動き出すこと。飼い主が動かなければ、イヌもついて行きようがない。グズグズしていると、子イヌはすぐに退屈してウロウロし始める。ここはさっさと、子イヌを引き離そうとするくらいに歩きださなければならない。そうすれば、子イヌはピッタリとついてくる。

子イヌが勝手に歩き始めたら、「ローバー！　ツイテコイ」と間違っていることを指摘して、すぐに子イヌと逆のことをする。子イヌの間違いに合わせて歩き方を変えてはいけない。そんなことをすると、子イヌはツイテコイを学習できない。逆に、子イヌの間違いをはっきりわからせる必要がある。(1) 子イヌがスピードを落としたら、「ダッシュ！」といって前に駆け出す。(2) 子イヌが追い越したら足をゆるめ、立ち止まり、すぐに逆向きに歩き出す。(3) 子イヌが左に逸れたら、右に曲がって足を速める。(4) 子イヌが右に逸れたら、左に曲がって足を速める。子イヌはすぐに、飼い主が前を歩き始めたらそれについていくことを学習する。1分ほどついて来たら、しばらく子イヌを自由にさせる。そのあとまた少し練習し、再び自由に動き回らせる。これを繰り返す。

　小さな子イヌは、自然に飼い主について歩く。まるで見えない社会的ゴムが飼い主と子イヌをつないでいるように見える。しかし子イヌが育ち、自信を持つようになると、飼い主のそばにいるよりも、周囲の環境を調べることに興味を感じるようになっていく。ある意味で、飼い主は、子イヌの注意を引くことについて環境と争うことになる。子イヌにとってなじみのない環境（囲いのあるテニスコートや友人宅の裏庭）でツイテコイの練習をすると、子イヌはまた飼い主に近寄るようになるだろう。

　ツイテコイのトレーニングは生後4ヶ月半齢までにする必要がある。生後5ヶ月齢になると社会的ゴムが切れ、それ以降は、何であれ若年期向けのトレーニング・スキルが必要になってくる。

　リードを使っていないとき、子イヌが離れすぎたり、何かのいい匂いに夢中になってしまった場合は、走ってどこかに隠れると、また子イヌの注意を向けることができる。飼い主の姿が見えないことに気づいたら、たいていの子イヌは必死になって捜し始める。ものかげから奇妙な音を立ててやると、飼い主を見つけたいという子イヌの気持ちは高まる。また、心細くなっている子イヌも、その音で隠れ場所を見つけやすくなる。

第3章 ●●● オビーディエンス・トレーニング

フリスビーをルアーに使い、回れ右でついてこさせる。

フリスビーをルアーに使い、ハンドラーの左側にオスワリをさせる。

　子イヌから絶対に目を離さずにいること。また、間違った方向に離れすぎたときは名前を呼ぶ。たいていの子イヌはすぐに隠れんぼの要領を覚え、難なく飼い主を見つけるようになる。戻ってきたら、大喜びでほめて感動の再会をする。

　しかし、手がかりに気づかない子イヌもいる。子イヌが不安になりすぎているように見えたら、隠れ場所から飛び出して、陽気に子イヌを呼ぶ。

　この楽しいゲームを通じて、子イヌはすぐに片目（または片耳）を常に飼い主に向けていることを覚える。まるで、一瞬でも目を離したら、この愚かな飼い主は迷子になって変な音を立てる、と学習するようである。

　子イヌが生後4ヶ月半齢になるまでのできるだけ早い段階で、家の周り、

庭で、またはどこか安全な場所で、必ずこのゲームをすることが大切である。早いうちにツイテコイのトレーニングをしないまま若年期を迎えたイヌは、多くの場合、飼い主が目に入っていようと"月"にいようと、まるで気にかけないようになる。

こっちにおいで

　「ローバー、こっちにおいで（Come Here）」と子イヌを呼び、やってくるあいだずっとほめ続け、自分のところまで来たら片手で首輪をつかんで耳を掻いてやり、もう片方の手でトリーツを与える。これで終わりだ。たいていの子イヌは、ちょっとした合図だけで飼い主に寄ってくる。生後3ヶ月齢の子イヌは、あらゆる動きに近寄ってみるのがふつうだ。たとえば典型的なラブラドールの子イヌは、葉っぱが落ちただけで駆け寄り、あいさつする。

　飼い主の希望に従うのはイヌの礼儀だが、それに感謝してイヌをほめるのが人間の礼儀である。初期のトレーニングでは、子イヌが近づいてくるあいだ、ずっとほめ続けることが大切である。そうしないと、9割方近づいたところで他のものに気を取られてしまったら、その子イヌはそこまで来た9割分のごほうびをもらえない。90点というのは、悪い点数ではない。ところが人間とは愚かなもので、飼い主は100点ではないことにいらつき、ようやく戻ってきた子イヌを叱ってしまいがちである。そうすると、子イヌはあっさり「最初から戻ってこなければよかったんだ！」と思ってしまう。

　子イヌはたしかに、ほとんどそばまでやって来たのであり、そのほとんどの部分はごほうびに値する。子イヌのリコールでは、完全に飼い主のところまで戻って来ない限り、ごほうびは与えないというのはよくない。むしろ、子イヌが最初の1歩を踏み出したときにいちばん力を入れて

ほめる。そしてそのあと、子イヌが近づいてくるあいだ中、ずっとほめ続けるのである。次の練習では95パーセントまで近づくことだろう。ほら、100パーセントまでもうすぐだ。

子イヌが思うように反応してくれないときもある。(1) こちらに向かって歩き始めるけれども、途中で気を取られるものがあると行ってしまう。(2) 首輪に手を伸ばしたところで逃げ出す。(3) 最初から来ようとしない。

トレーニングが進んだ段階では、逃げようとする子イヌを叱ることもあるが、早い段階で罰を与えると、呼んでも来ないようになっていくだけである。正しくやりとげてほめたことが一度もないのに、間違ったといって叱るのは、フェアではない。だから最初のうちは、近寄ってくるあいだ中、子イヌをほめ続けるのである。子イヌが動かないときや、途中であと戻りしたときは、すぐに名前を呼んで注意を引き、子イヌと反対方向に走り出す。それで子イヌがまたこちらに向かい始めたら、その瞬間にほめる。

なぜ最後にトリーツを与えるのか。それは、最終的にはきちんと飼い主のところまで戻ってほしいからである。トリーツはケーキのトッピング、つまり練習全体を成し遂げた子イヌに対する特別なごほうびだからである。また、首輪をつかんだ直後にトリーツをもらった子イヌは、本当にすぐに、首輪をつかんでもらいたがるようになる。これは、それ自体が貴重な練習である。首輪に手を掛けるたびにトリーツを与えていると、非常に「捕まえやすい」イヌになる。いつか、緊急のときに子イヌを捕まえる必要が出てくるかもしれない。そんなとき、子イヌは喜んで捕まるだろう。

子イヌを、呼んだら来るようにしつけるのは難しいことではない。ポイントは、子イヌが若年期を迎える前に十分トレーニングを行い、逆に飼い主がイヌにトレーニングされてしまわないようにすることである。成長途上の子イヌは、若年期への発達過程のなかで、トレーニング中に

煩わしいさまざまな動きを見せるようになる。ひとつの問題が次の問題につながっていくこともある。たとえば、最初は首輪に手を伸ばされると頭を下げたり、跳びのいたり、尻込みしたりし始める。飼い主に近寄ろうとするが首輪は触らせないのである。これは氷山の一角で、深刻な問題の前触れに過ぎない。そのうちに子イヌは飼い主に駆け寄ってくるが、手が届く範囲には近づかなくなる。「捕まえられるものなら捕まえてごらん」とばかりに、離れてチョコチョコ走り回る。ついにはまったく近寄ってこなくなる。

　なぜだろうか。主な理由は、わずか2、3ヶ月のあいだに、飼い主が意図せずに呼んでも来ないようにしつけていたからである。しかしどうやって？　飼い主は知らず知らずのうちに、やって来たイヌを罰するという間違いを犯してしまったのだ。だから、子イヌは飼い主に近寄りたくないというだけでなく、近寄るのが怖いのである。

　呼んでも来ないようにしつけてしまう原因は、叱責や罰以外にもある。そういった愚かなことをする飼い主は多くはないが、残念ながら存在する。たとえば、じゅうたんに濡れたところを見つけたり、噛みちぎられた電話帳を発見したりしたときに、わざわざイヌを呼びつけて「ダメだと伝える」飼い主がいる。飼い主に普段と違う調子で呼ばれたときに行くと良いことはまずない、とイヌが学習するのは当然だろう。ところが、たいていの飼い主は、表面的にはふつうにイヌを呼び寄せ、罰を与えるのである。よくある例を2つ挙げよう。

1. 子イヌが公園で遊んでいるときや、庭を嗅ぎ回っているとき、飼い主が呼ぶ。子イヌが素直に寄っていって絡みつくと、パチンとリードを付けられ、家に帰るか部屋に戻される。さて、子イヌに神経細胞が多少でもあれば、「チビちゃん、こっちにおいで」という言葉がとても楽しい遊び時間の終わりの合図だと認識できる。そこで子イヌは学習する。ときどき飼い主のところに戻るのは、たいていの場合大丈夫だ

けれども、あの嫌らしい「チビちゃん、こっちにおいで」という言葉を聞いたときは何としても飼い主を避けなければならない、と。

2. 子イヌが暖炉の前のラグにころがり、ウトウトしていると、飼い主が「チビちゃん、こっちにおいで」と言う。まどろみを破られた子イヌが、何をしてほしいんだろうと見ると、飼い主は子イヌを拾い上げ、キッチンに閉じ込めるか、寒い外に追い出して、仕事に出かける。子イヌはすぐに、家で飼い主が「チビちゃん、こっちにおいで」と言って近づいてくるときは、たいていキッチンに閉じ込められて5時間、死ぬほどの退屈を味わうか、凍えるような雨のなかで1日中ポーチに置き去りにされるかの前触れだということを学習する。

　けっして罰を与えるためにイヌを呼びつけてはならない。たとえば、帰宅したら家のなかでウンチをしていたのを見つけたとしても、そのとき罰を与えたのでは遅すぎる。イヌはおそらく、遅れた罰を過ちと結びつけて考えることができない。間違いなく飼い主、つまりあなたが近づいてくることと罰を結びつける。そのようなときは、単にイヌを外に出し、ウンチを片付ける。そして以後、排泄のしつけをするまでは、外出するときに家のなかを自由に走り回らせないようにする。もし帰宅時にイヌを呼びつけて罰したとしても、あとで排泄のしつけをすることに変わりはなく、それに加えて、イヌの自信を回復させ、オイデの再トレーニングまでしなければならなくなる。

　リコールが完全にできるようになるまでは、子イヌが遊んでいるのを中断して「こっちにおいで」を使ってはいけない。この段階では「オスワリ」か「フセ」という、より単純なコマンドを使い、イヌの注意がこちらに向いたことを確認してから「こっちにおいで」と言う。「オスワリ」と「フセ」は簡単なコマンドだが、確実にリコールさせるのは、非常に維持しにくいからだ。

閉じ込めるときも、けっして閉じ込めることを目的に呼び寄せてはいけない。このときは場所のコマンド、「クレートへ行け」「マットへ行け」「外」を使う。

コマンドのレベル

「落ちついて（Settle Down）」（その場で楽に、静かにしている）、「ツイテコイ（Come Along, Follow）」（後ろにつく）、「こっちにおいで（Come Here）」（近寄って首輪をつかませる）、「歩いて（Walk On）」（リードを付けた状態で、リードを引っ張らずに歩く。匂いを嗅いだりオシッコをしたりするのは自由）などは、家や散歩のときに日常的に使う略式のコマンドで、低レベルに属する。「マテ（Stay）」（指示された姿勢で落ちついている）、「オイデ（Come）」（やって来てトレーナーに向かってオスワリする）、「ツケ（Heel）」（トレーナーの横を歩き、立ち止まったらオスワリをする）は、中レベルの正式コマンドで、飼い主はイヌの行為と姿勢をより正確にコントロールできる。

低レベルのコマンドとは、ある程度は融通が利く略式コマンドである。このレベルでは、イヌはコマンドの基本的な概念を学習し、ある程度確実に反応できるようになる。中レベルコマンドとは、常に確実に反応しなければならない正式コマンドである。ただし、反応のしかたにはある程度ばらつきが許されている。リードなしで確実にコマンドに応じられるようになったら素晴らしい。実際、競技会向けのオビーディエンスを教えるクラスに入るには、そうなることが不可欠である。ぜひ挑戦していただきたい。楽しめること請け合いである。高レベルのコマンドとは、堂々とした、華麗かつ完璧なパフォーマンスを教える段階である。使役犬の競技会やオビーディエンス競技会に向けてトレーニングするハンドラーは、完璧に正確で確実なコントロールをするために、この高レベルのコマンドを教える。

正式コマンドの基礎をなすのは略式のコマンドである。もう少しトレ

ーニングが進んだら、2つのレベルの使い分けができるようになる。たとえば、リードを付けて近所を歩かせながら、交差点を渡るときには呼んでツケをさせ、危険が去ったら略式のコントロールに戻る、といったやり方である。

オイデ−オスワリ

　子イヌにオイデ−オスワリをトレーニングするには、以下のようにする。(1)「ローバー、オイデ」と子イヌを呼び、近寄ってくるあいだずっとほめ続ける。トリーツを見せて子イヌの注意を引き、体長の2、3倍の距離まで近づいたら、(2)「オスワリ」と指示して、ルアーを使ったハンドシグナルでもオスワリを示す。(3) オスワリをするまで子イヌに触れてはいけない。(もちろん子イヌが突然逃げだそうとしたときは別で、この場合はすばやく、しかしやさしく首輪をつかんで最悪の事態を防ぐのが賢明である。) (4) オスワリをしたら首輪をつかみ、なでてかわいがりながらほめ、ルアーとして使った食べ物をごほうびとして与える。順を追って解説しよう。

(1) なぜ子イヌを呼び寄せるのか
　見てのとおりである。あなたはここにいて、子イヌは遠くにいる。練習の要点は、子イヌと飼い主が、現在飼い主がいる場所で落ち合うことにある。

(2) なぜやって来た子イヌにオスワリをさせるのか
　子イヌがやって来たら、ふつう、しばらくはそこにいさせるほうがよい。ホームベースに向かう途中の3塁ベースのように、来たものの踏んづけられて、すぐホームへ走って行ってしまわれては困るからだ。つまり、子イヌはコントロール下に置いたほうがよい。フセ−マテまで要求する

ことはない——とくに大型犬の場合。しかし、タテ－マテでは不安定すぎる。オスワリがちょうど良い。

(3) なぜオスワリをするまで子イヌに触れてはいけないか

理由はいろいろある。

(a) 身体的プロンプトで行動を引き出していると、最終的にリードなしでの離れたコントロールを学ぶことが阻害される。イヌには、身体的接触の意味ではなく、言葉やハンドシグナルの意味を学んでほしいのである。身体的プロンプトを使うと、トレーニングは、時間のかかる複雑な2段階の過程を踏むことになる。たしかに首輪を触ったり腰を押さえたりすれば、イヌはオスワリを早く覚える。だが、そのイヌが「ローバー、オスワリ」と言われたときにオスワリすることを覚えるには、逆に長い時間がかかってしまう。最初から一息に「オスワリ」という言葉の意味を教えるほうが手っ取り早い。

(b) 触ろうとしても触れない状況はいくらでもある。飼い主が他のことで手がふさがっていたらどうするのか。子どもを抱いていたり、

引っ張りっこのオモチャをルアーにして、フェニックスにオイデをする。

第3章 ●●● オビーディエンス・トレーニング

バッグを提げていることもある。あるいは、子イヌが近寄ってきたけれども、ちょうど手が届かないあたりで立ち止まってしまったらどうするか。こんなときは、言葉でなければ子イヌをコントロールできない。

(c) 十分に社会化された子イヌは、どこにいても飼い主に引力を感じており、定期的にもどっては安心し、それから未知なる世界への魅力に満ちた冒険に乗り出す。したがって飼い主が手で触れると、不安が消えた子イヌは、再びまっしぐらに探索に飛び出していってしまう。

(d) 優れたトレーナーならば身体的プロンプトの効果をうまく利用して、子イヌに望ましい姿勢をとらせることができるが、素人が教えるときや、子イヌのもの覚えが悪いときは、身体的プロンプトで行動を促すといっても単なる力づくになりがちで、子イヌは押されたり引っ張られたりして無理に姿勢をとらされるだけである。力づくのトレーニングを受けた子イヌは、当然のことながら、トレーニング全般に対して、とくに人間の手に対して強く嫌悪感を

……そしてオスワリ。

抱くようになる。
(e) イヌのコントロールは家族全員が身につける必要があるが、家族のなかには、たとえば子どもなど、うまくイヌに姿勢を取らせることができず、また強制的に従わせる力も持たない人も少なくない。そこで、家族全員が習得できるトレーニング方法を採用するのが賢明である。

(4) なぜ子イヌがやって来たら首輪をつかむのか

　この練習のポイントは、(リードを付けていない) 子イヌを呼び、コントロール下に置くことである。コントロールするには、首輪をしっかりつかむ以上の方法はない。練習中に習慣的に首輪をつかんでおけば、緊急時にも容易につかめる。

　勢い良く飼い主に走り寄ってきたのに、自分を捕まえようと手が伸びてくるのを見た瞬間に身を翻して逃げてしまう子イヌが多い。イヌがこの症状に陥るのは、それまで人間の手に嫌な思いをしてきたからである。そこで、首輪をつかんだらトリーツを与えるようにする。子イヌはあっという間に、大喜びで寄ってきてオスワリをし、首輪をつかんでもらうのが待ちきれないほどになる。

　リコールの締めくくりに「オスワリ」を付け加えるためには、その前に、オスワリの反応が水準に達している必要がある。まだ子イヌがコマンドに応じて即座に確実に反応できないうちは、コマンドを分けて練習する。つまり、姿勢の「一連動作」と、オスワリなしのリコール (「こっちにおいで」) を別々に行うのである。

　リコールでイヌが勢いよくやって来たのに、オスワリをちゃんとしなかったり、なかなかしなかったり、まったくしなかったりしたとき、飼い主がそれを叱ったり無理やりオスワリさせたりすると、トレーニングは完全に大失敗に終わる。そのとき飼い主が与えた罰は、水準以下のオスワリやオスワリをしなかったことに対するものであるばかりでなく、

オイデと呼ばれて来たことに対する罰になってしまう。子イヌがわざわざ罰を受けようと飼い主のところに来るだろうか。もちろん思わない。

オスワリがうまくできないと、リコールはすぐにダメになる。また、ツケもダメになる。したがってオスワリが迅速、かつ確実にできないうちは、リコールのあとやツケの途中でオスワリを求めてはいけない。

リードを付けないツケ

家族の全員で、子イヌにどちら側にツケをさせるか決めておくことが大切である。こちら側に来たりあちら側に行ったりというのは、子イヌにとってありがたいことではない。いずれ子イヌを踏んでケガをさせるか、自分が子イヌにつまずいてケガをすることになる。歩く側がバラバラだと、リードを付けたときにも危険が生じる。子イヌが飼い主の周りをグルグル回るとリードが足に巻き付いて倒れてしまう。ほとんどのトレーナーは左側でツケをさせるが、これはオビーディエンス競技会で左側を指定されることが多いからである。しかし、理由があって右側でツケをさせたいのなら、それでもかまわない。以下の指示を反対向きにすればよい。

ツケの「一連動作」1回分は以下のとおり。(1)「ローバー、ツケ－オスワリ」と言って、飼い主の左側で、進行方向を向いてオスワリをさせる。正しい位置をとらせるために、右手に持つ食べ物のルアーを使ってハンドシグナルを出す。少なくとも、スタート時には飼い主とイヌが同じ方向を向いているほうが良い。トリーツは両手に持つ。1つは右手で、次のオスワリのハンドシグナルのために持ち、残りは左手で、子イヌをついてこさせるために持つ。(2) 左手を子イヌの鼻先で振って誘い、子イヌの注意を引きつける。「ローバー、ツケ」と言って、左手を子イヌの鼻先で左から右に動かし（ツケのシグナル）、すばやく大股で3歩前に進

む。(3)「ローバー、オスワリ」と言ってスピードを落とし、右手でオスワリのハンドシグナルを出して立ち止まる。子イヌが左側でオスワリをしたら、トリーツを与える。立ち止まるときには、できるだけ進行方向を向いたまま止まるようにする。オスワリのシグナルは右手でするが、右手を身体の前を通って左側に出し、子イヌの鼻先でシグナルを見せるようにする。こうすれば、子イヌは飼い主の左側で前を向いたままオスワリをし、すぐに次のツケを始められる。

「ローバー、ツケ」と言ったときは、すぐに動き出すこと。キビキビしたツケをしたければ、「ツケ」と言う言葉がアクションを意味することを子イヌに学ばせる必要がある。ダラダラしていてはいけない。子イヌを常に動ける状態にしておくこと。ツケのあいだに子イヌが勝手な行動をとろうとしたときは、「ツイテコイ」のときと同じように、すばやく反対の動きをする。そうして子イヌの間違いを強調することで、自分から急いで修正するようにさせる。

ときおり、食べ物をルアーとしてだけ使い、ごほうびとして与えずに練習する。その代わりに、ほめたりなでてかわいがったりする。また別の機会には、食べ物をポケットに入れておき、何も持たずにルアーの手の動き（ハンドシグナル）をするか、テニスボールや音の鳴るオモチャなど食べ物以外のルアーを使い、とくに上手にツケができたときに特別なごほうびとして、ポケットから食べ物を与えるというやり方もする。さらに別のときには、食べ物をポケットに入れるけれども、まったく使わずにすませる。ルアーとしては別のもの（手やテニスボール）を使い、ごほうびとしても別のもの（ほめる、なでてかわいがる、「遊んでおいで」「モッテコイ」など）を使う。子イヌの初期のトレーニングでは、食べ物が最良のルアーでありごほうびであるが、繰り返し言うように、食べ物の利用はできるだけ早くなくしていくほうが良い。

ツケを教えるのは、必ず合図1つでオスワリができるようになってからにする。すばやく進んでオスワリできないうちは、ツケは飼い主にとっ

第3章 ••• オビーディエンス・トレーニング

最初はオモチャや食べ物のルアーを手に、イヌを横につかせる。

てもイヌにとっても重荷になる。オスワリがうまくできないイヌでツケをすると、飼い主はオスワリしないと言って頻繁にイヌを叱ることになり、いら立つばかりである。しかし、確実にキビキビとオスワリができるイヌならば、単純な「一連動作」だけで、リードなしのツケを教えられる。このような子イヌは、各「一連動作」の合間に、飼い主が立ち止まるたびにきちんとしたツケ−オスワリの姿勢をとる。すばやく正確なツケをさせるには、かなりの注意力と精神力を要するが、ツケ−オスワリをしているあいだに、気持ちを整えることができるのである。

　また飼い主にとって、ツケ−オスワリは緊急時のコントロール・コマンドでもある。コントロールが利かなくなりそうになったら、すぐに「オスワリ」と指示する。うまくオスワリすることは、上手なツケに不可欠なのである。

ツケの「一連動作」

　ツケは常に「一連動作」で考えること。「3歩ツケをして、子イヌはオ

スワリ、飼い主はリラックス」。ここで一息。右手にトリーツをもう1つ持って、次の「一連動作」へ。

　初めは必ず正しいツケ-オスワリの姿勢から。姿勢を崩したままスタートしても何の意味もないし、動きの問題をさらにややこしくして、事態を悪化させる。子イヌがよそ見をしたり後ろを向いていたら、「ローバー、ツケ-オスワリ」と言い、右手の食べ物のルアーを使ってあらためて正しい姿勢をとらせ、またツケで動き始める。

　短いツケの「一連動作」を何度か繰り返せるようになるまで、ツケは一直線上で行う。向きを変えるときは、動きながらではなくいったん止まり、「ツケ-オスワリ」を指示してからその場で回り、右手のルアーでイヌの位置を直す——ウサギ跳びのようにしてオスワリの位置を調整させる。こうして、飼い主もイヌも別の方向を向く。

ツケの戦略

　ツケの基本戦略は、イヌの大きさと歩く速さ、気性に応じて2種類ある。(1) 小型犬や速く歩くイヌには、ツケ-オスワリの「一連動作」をすばやく繰り返す。(2) 歩みの遅い大型犬には、オスワリを少なくして長くまっすぐ歩く。矢継ぎ早にツケ-オスワリの「一連動作」を繰り返す戦略は、ぼんやりしたイヌにも有効である。注意力を欠き、ノロノロしているイヌの気分をスッキリさせる効用がある。

(1) 速く歩くイヌのツケ

　小型犬の最大の問題は、あちこち歩き回ってすぐにどこかに行ってしまうことである。最初はそのすばしこさがトレーニングの邪魔になる。しかし、いったんそのスピードが方向づけられ、コントロールできるようなると、小型犬は見事なオビーディエンスを身につける。小型犬や速く歩くイヌでは、まず1歩のツケの「一連動作」を繰り返し、次に2歩の「一連動作」を試みる。動きが速すぎて、2歩目にはどこかに行ってしま

第3章 ●●● オビーディエンス・トレーニング

っているイヌもいる。そのため、1歩でのツケができるまでは2歩は進まないほうが良い。1歩のツケとオスワリを何度か連続してすばやく、リズム良くできるようになったら、2歩、3歩と増やしていく。そうすれば、長くまっすぐなツケが楽々とできるようになるまで、それほど時間はかからないだろう。

　このやり方で小型犬にツケをさせるとき、最初は、左手できちんとルアーを示すために膝を曲げてヨチヨチ歩きをする必要がある。ツケの練習が進み、まっすぐ長く歩けるようになったら、腰を伸ばして速く歩く。速く歩けば歩くほど練習は楽になる。脚の短い子イヌは、なんとかついていくためにまっすぐ歩かなければならない。飼い主が身をかがめるのは、オスワリの合図を送るときや、ツケの途中でときおり子イヌの注意を引くときだけでよい。そのとき以外は、左手は腰の高さに楽に保っておくとよい。子イヌはその手を見上げる形になる。子イヌの注意を左手にもっと集めたいときは、食べ物をルアーとごほうびとして利用し、口にくわえた食べ物を、一定の間隔で左手で取り、(ルアーやごほうびとして) 子イヌの鼻先へと持っていく。

　小型犬のトレーニングには、長さ70〜80センチ、直径2〜3センチほどのプラスチックのパイプが非常に役に立つ。食事のドッグフードを何粒かパイプに落とし込むところを子イヌに見せておくと、パイプの先の動きで、ツケのあいだの子イヌの位置を正しく導ける。パイプの先端に曲げたスプーンを (ドッグフード受けとして) テープで止め、「オフ」を教えておくと、パイプの位置によるコントロールはさらに効果的になる。

　また、リードをパイプに通して持つと、「固いリード」ができあがる。リードの自由に動く部分はパイプの先から出た何センチかだけだが、子イヌは無理をしなくて良く、飼い主の横につく位置は正確になり、足元で邪魔になることもない。

(2) 歩みの遅いイヌのツケ

　一般に、ドタドタした大型犬でツケをするときは、あまり頻繁にオスワリをさせるのは賢明ではない。たいていの大型犬は、ヨーヨーのように腰を上げ下げするのがあまり好きではない。大型犬では長くまっすぐ歩くことが練習になる。

　必ず最初から進行方向を向いておく。ツケの指示またはハンドシグナルまたは両方を使って、即座に歩き始める。少なくとも10メートルはまっすぐ歩き、それからスピードを緩め、オスワリをさせる。最初のうちは、飼い主がたっぷり3メートルは進んだあたりでイヌがようやく動き始め、あわててツケの位置まで走り寄って来るということも多いだろう。子イヌはここで学ぶ。「わあ、ご主人が『ツケ』って言ったら、もう始まってるんだ。気をつけなくっちゃ」。いつでもすばやく動き出すようにしていると、子イヌもキビキビと動き出すようになる。こうなると、ふつうのスピードでのツケのときには、まるでマジックテープがついているように、飼い主の左側にピタリとついてくる。

ツケの3段ギア

　歩くスピードを変えると、子イヌの注意を非常に保ちやすい。たいしたことがなく、とくにどこに行こうというわけでもないと思ったとたん、子イヌは飽きてウロウロし始めるからだ。

　ツケでは低速、中速、高速の3つのギアを考えるとよい。ギアはすばやくシフトする。ただし、最初のうちはスピードを変えようとするときにそう言ってやる。ギアを上げる前に「急げ（Hustle）」か「速く（Quickly）」（使う言葉は飼い主が好きなように決めればよい）と言い、低速から中速、中速から高速へとすばやく切り替える。あるいは、葬式並みの超低速から超高速9倍ワープへと一気にターボ加速する。逆にシフトダウンするときは「ゆっくり（Steady）」と言い、即座に高速から中速、中速から低速、あるいは高速から低速へとスピードを落とす。子イヌはすぐに、「急げ」

第 3 章 ●●● オビーディエンス・トレーニング

回れ右をする前にイヌを勢いづかせる。

イヌを誘導して方向転換させる。

すばやく直進する。

は飼い主がアクセルを踏むときで、「ゆっくり」がブレーキをかけるときだということを学習し、飼い主の歩く速さの変化を予測するようになる。

　こうなるともう、子イヌは「急げ」という言葉を聞いたらスピードを上げ、「ゆっくり」という言葉を聞いたらスピードを下げるようになる。素晴らしい。一定のペースで歩いているときも、「急げ」と「ゆっくり」を使って、遅れ始めたり前に出ようとしたりしている子イヌのペースを正せるのだ。これらの指導的叱責で、リードなしでのツケをしているときのイヌの勝手な行動を矯正することができ、リードを付けているときも引っ張る必要がなくなる。また、この2つのコマンドを使えば、ツケをしながらの方向転換もしやすくなる。「急げ」は、リコールでノロノロしているイヌを急がせる指導的叱責としても優れている。

左右に曲がる

　左に曲がるときや、左回りに方向転換するときは「ゆっくり」と言い、左の手のひらを子イヌの鼻先に置いて後ろに動かす。子イヌの頭が飼い主の左膝の少し後ろに下がったら、左に曲がる。左回りでこのようにせずに、子イヌが先に進みすぎていると、曲がったときに飼い主が子イヌにぶつかるか、子イヌが前に飛び出して、曲がったあと右側に来てしまう。

　右に曲がるときや、回れ右をするときは「急げ」と言い、左手を子イヌの鼻先で揺らす。子イヌの頭が左膝より前に出たら右に曲がる。右回りでこのようにしないと、賢い子イヌや怠け者の子イヌも飼い主の後ろを近道して、曲がったあと右側に来てしまう。

リードを付けて歩く

　若年期のイヌにリードを付けて歩かせるとき、いちばん問題になるのは、イヌが前に行きすぎることである。イヌがリードを引っ張る理由は

いろいろある。多くのイヌは、子イヌのとき引っ張っても怒られなかったために、若年期になってもそうする。リードがピンと張った状態になると、イヌはもう飼い主に注意を払わない。リードを伝って、飼い主のあらゆる動きが手に取るように分かるからだ。その分、イヌは鼻と耳と眼をめいっぱいに使ってあたりのようすを探るようになる。

　リードを引っ張ることそれ自体が楽しく、自己強化されているということも多い。ほとんどのイヌは、飼い主と近所の郵便ポストまで手紙を出しに行くのを、イヌぞりレースの練習だと思っているようである。

　理由はどうあれ、リードを引っ張ることはふつう許されないし、危険なことも多い。リードがピンと張ってしまったらもはやイヌはコントロールできない——物理学の初歩である。

　そんなイヌにしてしまうより、子イヌのうちに、以下の練習をすべて家でリードを付けて行うほうが、はるかに楽で賢明である。また、子イヌがリードを引っ張らずに歩けるようになるまで、絶対に、一歩たりとも散歩をさせないという単純なルールを作るのもよい。リードを引っ張る習慣を持ったまま若年期を迎えさせると、そのことで罰することになるとよく分かっていながら、子イヌのときにそんな習慣を身につけさせるというのは、まったくもってアンフェアなことである。最初から望ましい状態を作っておくほうがずっと楽だ。心に刻んでおいてほしいのだが、あなたの子イヌも何ヶ月かすれば、アメフトチームのディフェンスラインをまるごと後ろに引っ張れるようになる。だから、最初から、リードを引っ張って進むことを許してはいけないのである。

　子イヌを散歩させるときにリードを付けるのは、安全のため必要なことだし、条例でリードを義務付けられている場合もある。しかし、新米の飼い主が若年期のイヌのリードを握っている場合、イヌは引っ張る。イヌが引っ張るのを止めさせようと、新米の飼い主はリードを激しく引っ張り返すことが多い。たいていの飼い主はこれを喜んでやっているわけではない。イヌにとっても楽しくはない。ふつうに歩くことやツケと、

リードによる矯正とをイヌが結びつけて考えないよう、まずリードを付けた状態で確実に静かに立っていられるように、タテをすることから始め、イヌを興奮させることになる歩く練習はそのあとにするべきである。

赤信号、青信号

　リードのトレーニングを始める前に、まず、家の周りや庭で子イヌをついてこさせられるように、また自分の前で30秒はオスワリ-マテができるようにする。リードで物理的に活動を制限する前に、子イヌが、自分についてきたり近くでマテをしたりするのが好きかどうかを確認したほうがよい。つまるところ、リードを引っ張るということは、イヌは飼い主から離れたいと思っているのだ。したがって、イヌには飼い主の近くにいるメリットを教える必要がある。イヌを元気づけ、やさしい言葉をかけたり、ポンポンと叩いてやったり、トリーツを与えたりしよう。

　次に、どこかへ出かける準備として、まずはリードを引っ張らずに立っていられるようにイヌに教えておこう。最初は家のなかで練習するのがよい。そうすれば、(1) 予防注射がまだ終わらないうちからトレーニングを始められる。(2) 家のなかのほうが気を散らすものが少ない。(3) 往来で見せ物にならずにすむ。

　子イヌにリードを付ける。持ち手を両手でしっかりと握って立ち、身体の近くで保持する。そして、子イヌに注意を集中する。おふざけは無視していると、そのうち子イヌはオスワリかフセをする。必ずする。ただジッと我慢して待っていればよい。

　子イヌがオスワリかフセをしたらすぐに「いい子だ」と言ってトリーツを与え、「さあ行こう（Let's Go）」と言って1歩前に進む。そこでまたジッと立ち止まる。ここで注意。1歩進むだけでも子イヌは猛烈に突進していくが、ここでもふざけ回るのは無視して、オスワリするのを待つ。子イヌがオスワリしたらごほうびを与え、また1歩進んで立ち止まる。

　これを繰り返しながら、しだいにオスワリをしてからほめて、次の1歩

を踏み出すまでの時間を長くしていく。1歩前進と停止とを、リードを引っ張ることなく交互に繰り返せるようになったら、次は2歩進んでから立ち止まる。それから3歩、4歩と増やしていく。リードを使わないツケと同じように、短い「一連動作」で考えるとよい。

1つの「一連動作」が6歩か7歩になるころには、子イヌはリードを引っ張らずに歩けているし、立ち止まるたびに自動的にオスワリをするようになっている。途中でリードを引っ張ったときは即座に立ち止まり、オスワリするのを待って、再び歩き始める。

基本的に、この技法は「赤信号－青信号」の一種である。効果のあるトレーニング法はどれもそうだが、この方法でも、子イヌにあたかも自分が飼い主をしつけているように考えさせている。おそらくこのイヌは、こんなふうに考えているのだろう。「ご主人はしつけやすいな。ちょっとリードを引っ張ってやれば立ち止まるし、オスワリをしてやれば進み始めるんだ」。これでイヌはもちろん、飼い主も満足だろう。

歩く練習の「一連動作」

家の周りや庭で、リードを付けて歩く練習をする。途中で頻繁に立ち止まる。歩き始める前に「ローバー、行こう」や「ツイテコイ」（ここでもどんな言葉を使うかは自由である）といった声をかけ、止まるたびに「オスワリ」を指示する。イヌが外に出せる年齢になったら、まず玄関を開けたままで玄関ホールを歩き、家の出入りを練習する。イヌはふつう玄関から飛び出そうとするため、ここは少し特別な練習をする価値がある。出入りだけを続けて練習すると、すぐに完璧にできるようになる。

玄関を出る前と出たあとにオスワリをさせる。次に家の前で、歩いては止まる「一連動作」を何度も繰り返しながら、行ったり来たりする。最初がいちばん難しいということを忘れないように。イヌがリードを引っ張ったら「ゆっくり」と言って立ち止まる。オスワリをしたら、「一連動作」を最初から始める。次はもっと楽にできるはずである。

ここまで来たら家の周辺を何周か回ろう。ウマでもそうだが、イヌも家を離れるときは前に進みがちで、家に戻るときは遅れがちになる。行きで子イヌが引っ張るときは「ゆっくり」と言って回れ右をし、無理やりにでも家に連れて戻って最初からやり直す。最初の1周は時間がかかるかもしれないが、2周目、3周目と手がかからなくなっていき、その後は楽々と回れる。

　基本的に、イヌがリードを引っ張るのは、(1) 引っ張ることが楽しく、(2) 飼い主がそれを許しており、(3) 飼い主が引っ張られてついていくからである。リードを付けて普通に歩けるように教えるときにも、リードなしでツイテコイを教えたときと同じ基本原理が使える。まず、リードを持った両手を身体の左側につけて、リードが数センチ程度たるんだ状態にする。そして歩き始め、どんどん前進する。子イヌが進行方向から外れそうになったら、反対の動きをする。前に飛び出すときは、そのまま回れ右をして逆戻りする。左に引っ張るときは右に曲がり、右にずれて後ろに回るときは左に曲がる。右に流れて飼い主の前に来るときは、

イヌの注意を集中させるために、忘れずにハンドシグナルを使う。

スピードを上げて追い抜き、左に曲がって子イヌの前に出る。子イヌが足をゆるめて匂いを嗅いだりオシッコをしたりするときは、——これがふつうイヌを散歩させる理由なのだから——こちらもスピードをゆるめて待つ。もちろん子イヌについてきてほしいときは「ツイテコイ」か「急げ」と言い、進めばよい。この方法は、家で小さな子イヌで練習するときも、もう少し大きくなってから公園で練習するときも、若年期のイヌでも成犬でも同じく効果的である。

合図で引っ張らせる

　場合によっては引っ張らせてもよいと考える飼い主もいるだろう。考えてみると、イヌにとって引っ張ることがそれほど楽しいのなら、わざわざ水を差すこともないのではないか？　引っ張ってもかまわないときには、そうさせてあげればよい。もちろん、飼い主が許可を与えたときに限る——「ローバー、引っ張れ」「進め」「行け」など、言い方は何でもいい。

　個人的に、私はフェニックスが散歩道の段々の登りで引っ張ってくれるのが好きだし、シエラ山地で犬ぞりをするときには「引っ張れ」のコマンドが大いに役に立つ。「フェニー、引っ張れ！　ワオー、イェー、行けー！」

リードを付けてのツケ

　リードを付けてのツケは、最もコントロールしやすい歩き方である。人通りの多い歩道や、他のイヌや動物が近くにいるときに非常に役に立つ。しかし残念なことに、リードを付けてツケをするのが大嫌いだというイヌは多い（オビーディエンスの指示のなかでもコマンドに対する矯正の比率が最も高い）。そのため、ツケをして近所を回るのは、うっとう

しい引っ張り合いになりがちである。イヌは、自分も飼い主も愚か者だと思っているに違いない。

　残念ながら、とくに具体的な指示を与えずに、最初からリードで矯正しながらツケを教えるトレーナーがいる。たしかにリードによる矯正は、すでに学んだコマンドを矯正する際には良い方法となることもある。だが、それでは指示の意味も、それに従うことの意義も、絶対に教えることができない。指導的な意味を持たない身体的矯正を使い続けると、イヌはやる気を失う。「ツケ」という指示を聞いたとたんに元気をなくしてしまうイヌは少なくない。飼い主にはその理由が分からない。そして動機付けのトレーニング・ワークショップに向かうのである。考えてみたら、トレーニングを始める前にはイヌはやる気満々だったのに。

　最初からリードを付けて、身体的プロンプトと罰を使ってツケを教えようとすると時間がかかるし、イヌはジキルとハイド的な態度を身につけがちになる。リードを付けているときは天使のように完璧に振る舞うのに、リードを外したとたんに変身する。手の届かないところに出てしまえば飼い主はコントロールできなくなることを、イヌはすぐに学ぶのである。

　これらの理由から、私たちは次の5つの段階の最後に、リードを付けてのツケを教えている。(1) リードを付けずにツイテコイをする。(2) リードを付けずにツケをする。(3) リードを付けて立ったままでいる。(4) リードを付けてふつうに歩く。そして最後に、(5) リードを付けてツケをする。

　イヌがツイテコイの原則を完全に身につけ、「急げ」「ゆっくり」「ツケ－オスワリ」の各コマンドを理解し、リードを引っ張らずに立ったり歩いたりできるようになったうえで、リードを付けてツケを教えれば、リードで矯正を行う必要は生じないはずである。

　最初からリードを付けずにツケを教えることで、飼い主も力ではなく頭を使ってイヌをコントロールすることを学ぶ。この場合、トレーニン

グの名のもとに無理やりイヌを押したり引いたりできないからである。
　最初にリードを付けずにツケをすると、イヌも信頼できるイヌになる。すでにリードを付けずに基本原則を理解しているため、ここまでくれば、リードを付けてツケを微調整するのは簡単な話である。
　子イヌを左側でオスワリ－マテの状態にする。リードを左手で持ち、リードの長さを、首輪への接続部分から数センチ下に垂れ下がる程度に調整して、反対側の端の環に通した右手で、余ったリードをきちんと束ねて持つ。常にリードは両手で持つ。リードを付けないときと同じく、（必要なら）左手に、子イヌの方向を正しく導くためのトリーツをたくさん持ち、右手に、オスワリのシグナル用のトリーツを1つ持つ。「ローバー、ツケ」と言うか、ツケのハンドシグナルを（リードを離さずに）してスタートする。ハンドシグナルは、子イヌの鼻先で左手を左から右に動かし、左腕が腰の前で楽に落ちつくようにする。歩き出しはすばやく。歩く速さも、速ければ速いほど楽にできる。子イヌが遅れたり方向がずれたりしたときは、左手を子イヌの鼻先でサッと振って、腰の前の定位置に戻す。
　止まる前にはスピードを落とし、「ローバー、オスワリ」と言い、右手を身体の前から左側に回して、子イヌの鼻先でオスワリのハンドシグナルをする（リードの端は握ったまま）。止まると、子イヌはツケの位置でオスワリをする。そのうちに子イヌはオスワリのハンドシグナルを予測するようになり、止まる前にスピードをゆるめると自動的にオスワリをするようになる。必要ならばルアーとごほうびとして食べ物を使い、これまでと同じように徐々に減らしていく。
　同じ方向にまっすぐ歩き続けたり、ノロノロしていると、子イヌはだんだん注意力を失っていく。子イヌを緊張させておくには、常にランダムに方向やペースを変え続けることである。ペースを変え続けるのがいちばん良い。3つのギアを上げたり下げたりする。方向を変えるよりペースを変えるほうがやりやすい。というのは、道を歩いていていきなり方

向を変えるのは難しいことが多く、ときに危険だからである——車道に出てしまったり、隣家の庭に入り込んだり、木にぶつかったりする。左右に曲がったり回れ右したりするのは、広い場所でしよう。

　肝に銘じておいてほしいこと。イヌを矯正する必要を感じたなら、その理由は次の2つに1つ、もしくは両方である。(1) そのイヌは指示の意味を（おそらく）理解していない。(2) 指示に従うことの自分にとっての意義を理解していない（この可能性はかなり高い）。矯正や叱責や罰は、適切なしつけが不足している明白な証拠である。このようなときは、どうか最初に戻ってトレーニングをやり直してほしい。

ツケを散歩に組み入れる

　リードを付けて行うツケは、正確な位置で、コントロールが効いた状態である。しかし、だからといって散歩のあいだずっと子イヌにツケをさせておく必要はない。「ねえ、匂いを嗅いだりオシッコをしたりするのはどうするの？」イヌの気持ちになって考えよう。あちこちに散らばるちょっとした楽しみのことを。散歩というのは、本来、飼い主にとってもイヌにとっても、楽しいはずのものだ。四六時中軍隊のように緊張を強いる必要はない。軍隊式のツケをしすぎると、イヌは飽きて欲求不満になり、注意力が散漫になる。ついにはツケの質が低下する。必要なときに、キビキビとしたレベルの高いツケができるようにするには、ふつうに歩くのとツケの比率を20対1くらいにするのが良い。

　ふつうに歩くときには、イヌには心ゆくまでふざけたり、ノロノロしたり、匂いを嗅いだり、何かを調べたりさせてよい。唯一の条件は、リードを引っ張らないことである。ツケのときは、きっちりと飼い主と調子を合わせて言われるとおりに歩かなければならない。飼い主の横を正確な位置で歩き、飼い主が曲がったら曲がり、止まったらオスワリをする。ツケでは匂いを嗅いだり見回したりしてはならず、飼い主に注意を払っていなければならない。もちろんこのあいだ、排泄は許されない

(排泄は家の裏庭か、少なくとも家の近くでするのが良い。これが、犬類排泄エチケットの最先端のやり方である。そうすれば散歩は、この排泄に対する素晴らしいごほうびとなる)。ツケは、たとえば道路を横断する際に使う正式なコントロール・コマンドである。ツケで横断中、信号が変わりそうで急いでいるときにイヌに排便させるわけにはいかない。

　イヌの注意を完全に引きつけるには、飼い主もイヌに十分な注意を向ける必要がある。しかしこれは大変なことである。ほとんどの人は、長くても2分ほどしかツケを続けられない。したがって、長い散歩の時間に、ツケの短い「一連動作」を何度か挟むようにする。最初はイヌの頭をシャキッとさせるために30秒ほどのツケの「一連動作」から始め、3分ばかりふつうに歩いて、5秒ツケをして、また1分歩いて、10秒ツケをして、2分歩く、という具合に進めていく。経験的にお勧めできるのは、歩道は普通に歩き、通りを渡るときと、人やイヌや他の動物とすれ違うときにツケをする、という方法である。

呼んでも来ないとき

　呼んでもイヌが来ないとき、「積極的な場合」と「消極的な場合」に分かれる。「消極的な場合」は、呼んでも来ないといっても、他に何かしているわけでもない。ただタテやオスワリやフセのまま、飼い主が自分を呼ぶのを見ている。このようなイヌは、近づくことに不安を抱いている（緊急を要する重大な気質問題）か、飼い主の要求に応じることの意義を理解しておらず、わざわざ来ようとしないだけか（トレーニングはいるが大した問題ではない）である。いっぽう、「積極的な場合」は、イヌは来ないだけでなく、来ないことを楽しんでいる。これは、緊急を要する重大なトレーニング上の問題である。

近づくことへの不安

　イヌが呼ばれて近寄ってくることに不安を感じているとしたら、その理由は1つしかない——飼い主である。自分のしたことを思い出してみよう。イヌは飼い主を怖がっているか、飼い主が過去にしたことを怖がっている。おそらく呼ばれてやって来たイヌを知らず知らずのうちに罰してしまったのだろう。理由は何であれ、この問題はただちに解決しなければならない。緊急に取り組むべき気質問題ではあるが、時間をかけてしっかり解決する必要がある。イヌに対してやさしく控えめに接する。後ろに下がりながら呼ぶ。必要ならばトリーツを投げる。手から食べ物をとろうと寄ってきたら、「つかみテスト*6」を練習しよう。自信をつけさせることである。そうすれば、この見かけのオビーディエンス問題は解消する。

意義を理解していない

　そのイヌは、飼い主がそこに来てもらいたがっていることは分かっているけれども、その要求に応えるメリットを理解していないのである。また、疲れていたり、うんざりしていたり、気力が湧かなかったりするのかもしれない。とくに大型犬では、立ち上がって飼い主のところまでノシノシと歩いていくのは大ごとである。だから、飼い主のところまで行ったら、何か報酬があって当然だろう。けれども、これまでなかったのだ！　それでイヌは、ストライキをしているのである。

　これまで何度も呼ばれて行ったけれども、何もなかった。さらに、リコールの練習をやりすぎて、完全に飽きてしまったのかもしれない。この問題を抱える飼い主は非常に多い。これは、そもそもトレーニングとは何かという問題である。成功するトレーニング・プログラムの95パーセントは、何をしてほしいだけでなく、そうするとなぜ得なのかを教えることだと、私は考える。この問題を解決するには、意義を教えるトレーニング・プログラムを手直しして行う（「遊んでいるときのリコール」[p.170]と「生活のなかのごほうび」[p.173]の項を参照）。

イヌが来ないのなら、来る理由を与えよう。「急げ」と言って、すばやく後ろに下がり、少し刺激する。家具をガタガタ言わせたり、ドアをバタンと閉じたり、イヌの食器を蹴ったり落としたり、足を振り上げて不気味な叫び声を上げたりする。要は何かイヌの注意を引くようなことをすればよい。

何をしようと、いずれイヌはやって来る。来たらけっして叱ったり罰を与えたりしてはいけない。不機嫌なようすを見せてもいけない。そうではなく、来なかったことで何を逃したかをイヌに教えるのである。とてもおいしいトリーツを鼻先で振り、じらしてから、他のイヌに与えたり、自分で食べてしまったりする。あるいは空の食器を見せてこう言う。「あら残念、もうなくなっちゃった！」。リードをドサッと床に落とし、「おやおや、のんびりやさんのチビちゃんは、お散歩に行けなくなっちゃった」。イヌはそのうちに、呼ばれたときに来るとどうなるかという意義を理解する。

怠け者のイヌは、行かなくてもどうせ飼い主がやって来ると分かっているために、呼んでも来ないことがよくある。呼んでからすぐにイヌに向かっていく飼い主は多いが、おそらくイヌが来るかどうか自信がないため、トリーツを手に自分でリコールをしてしまうのである。イヌのところに自分から行ってはいけない。イヌから離れ、来させるようになる。

このアドバイスは、呼んでも来ないといっても、他に何かしているわけでもないイヌに対するものである。もしイヌがあたりを嗅ぎ回ったり、走り回ったり、遊んだりして楽しんでいてこちらに来ない場合は、話はまったく別になる。イヌがやって来ない時間が1秒伸びるごとに、そのときしている活動が原因で、ますます呼んでも来なくなる。

＊6 ハンドシャイを直すために、さまざまな箇所をつかまれることに慣れさせるテスト。第3章オピーディエンス・トレーニング「マテ」参照。

他にもっと楽しいことがある

　イヌがどこかに走っていってしまったり、呼んでも来なかったりするのは、そのイヌが遊びとトレーニングは相容れないと考えるに至ったからである。その結果、楽しむには逃げるしかないと思っている。飼い主の元に戻ってくると、その楽しい時間が終わりになることを知っているために、戻りたくない。あるいは、戻れば罰を受けるのではと恐れている。

　イヌが飼い主のオイデを露骨に無視して、ふてぶてしく遊び続けるとしたら、それは緊急にトレーニングが必要な重大な問題である。何か思い切った手を、それも即刻打つ必要がある。飼い主がオロオロしてイヌに好きなことをさせ続ける1秒1秒が、イヌにとってはリコールしないことの大きなごほうびとなっている。要するに、飼い主が事態を放っておくことで、イヌが言うことを聞かないようにしつけていることになる。

　まずはイヌを捕まえること。捕まらずに走り回っているあいだは、イヌの命に危険が及ぶ。いったんリードを付けて安全を確保したら、イヌが何をしていようと、何に気を取られていようと呼んだら来るようにしつけるまでは、リードを外すことなど考えてはいけない。

1．まずイヌを捕まえる

　気が散ってフラフラしているイヌを捕まえるのは、それほど難しくはない。そのようなイヌは、気になるものに向かって走っていくものだからである。ふつうに歩み寄り、リードを付けてトリーツを与えればよい。もし逃げるようなら、大声を上げて追いかけ回しても、よけい捕まえにくくなるばかりである。それよりも、イヌから逃げるほうが良い。逃げながらおかしな笑い声を上げ、イヌの名前を呼ぶ。そして地面に倒れ、手脚をバタバタさせながら金切り声を上げる。たいていのイヌは即座に走り寄ってくる。公園で、日々このようなトレーニングをしたくないと思うかもしれないが、緊急時のために覚えておいていただきたい。これ

第3章 ●●● オビーディエンス・トレーニング

は効果的なのだから。これで命を救われたイヌが何頭もいる。

 そうしなければ、飼い主は肉体的にも精神的にもイヌを追いかけなければならなくなる。緊急の練習をしていない限り、「こっちにおいで」と大声で叫ぶのは一般に上策ではない。ふつうの声で呼んでも来ないイヌが、怒っているらしい飼い主のところに来る可能性は低いからだ。緊急のときに叫ぶのなら、「オスワリ！」や「フセ！」といった抑制的なコマンドを指示するほうがはるかに良い。

 原則として、通常のトレーニングではイヌに対するコマンドを途中で変えてはいけない。何かをするよう指示したなら、それを必ずさせなければならない。唯一の例外は、ストレスがかかっていたり、混乱していたり、気を散らしていたりする状態で緊急に指示するときで、その場合はより容易なコマンドに切り換える。上の例で言えば、「こっちにおいで」から「オスワリ」に切り換えるのである。

 「オスワリ！　オスワリ！　オスワリ！」と、イヌがオスワリするまで叫び続け、オスワリをしたら「いいオスワリ－マテだ、ローバー」とほめる。けっしてあきらめてはいけない。あきらめるわけにはいかないのだ。イヌを捕まえなければいけない。すぐにはオスワリしないけれども、しそうな気配があるときは、声の調子と大きさを一段軽くして、やさしく、しかしきっぱりとコマンドを繰り返す。「オ・ス・ワ・リ！」

 イヌがオスワリをしたら、オスワリ－マテをするようにいい、まずしばらくほめる。さらに、ほめながら近寄っていき、首輪をつかんでトリーツを与える。近づくときはゆっくりと。怒ったようすは見せない。そうしないと、また逃げてしまう。イヌを呼ぶときは、心から楽しそうに、イヌから遠ざかりながら呼ぶようにする。

 どれほど長くイヌが逃げ回っていようと、何をしていようと、こちらに足を向けたらすぐにほめる。それも、近づいてくる一歩ごとにほめる。リードを付けているなら、ほめて、なでてかわいがり、トリーツを与えても良い。どれほど難しくてもそうしなければならない。最終的に確実

に、迅速に、進んでやって来てほしいのなら、とりあえずノロノロと元気なくやって来たときにもごほうびを与えるほうがよい。怒る理由はない。間違っていたのは、しつけが不十分なのに、イヌのリードを外した飼い主のほうなのだから。

　絶対にやって来たイヌを罰してはいけない。そんなことをすれば、そのしつけ不足のイヌのリードを外してしまったとき、呼び寄せるのにもっと時間がかかるだろう。公園で逃げたイヌがトラブルを起こしたとしても、戻ってきたときに罰を与えてはいけない。罰を与えても相変わらずトラブルメーカーである上に、さらにコントロールが難しくなる。罰を与えるのなら、問題行動をしているそのときに、分かるように明確に罰し、そのあと戻ってきたらごほうびを与えるようにする。

　イヌに対してイラついても、そのときは感情を隠さなければならない。イヌと一緒に無事に家に戻ってから、枕を嚙むなり、コンクリートブロックを殴るなりして、自分に罰を与えればよい。なんとか他でうっぷんを晴らし、イヌには当たらないようにする。自分の過ちなのにイヌを罰してはいけない。そう、自分の過ち。リードを外したり、玄関を開けっ放しにしたり、抜け穴があることを承知していながら庭にイヌを放した飼い主自身の過ちである。イヌにまだ命があることを感謝しなければならない。気持ちを鎮め、理にかなったトレーニングからやり直すべきである。

2．そして、トレーニングする

　公園でイヌが暴れまわり、呼んでも来ない状態になると、多くの飼い主はあきらめてしまう。たしかに、どんなイヌでも、気が散るものの多い環境でリードなしで確実に反応するようにトレーニングするのは難しい。しかし現実には、公園で問題を起こすイヌの多くは、もっと単純で安全な状況でもまったく言うことを聞かない。フェンスに囲まれた安全なドッグパークで呼んでも、まずやって来ない。しつけ教室でもほとん

ど来ないし、自宅の裏庭でさえやって来ないイヌもいる。リードを付けているときに確実にオスワリすることができないイヌすらいる。

　要するに、基本的コントロールの基礎を固めるために、安全な場所でできるトレーニングはたくさんあるということを言いたいのである。それができて初めて、リードなしで、離れた場所で、オリンピック級のオビーディエンスを身につける準備が整う。つまり、公共の場所で気ままに走り回らせてトラブルを引き起こす前に、家やしつけ教室でリードを付けて確実に反応できるようにしていただきたい。

　リードを付けずにトレーニングができる安全な場所はたくさんある。いちばんはっきりしているのはしつけ教室である。あるいは、イヌの遊び兼トレーニングのグループを作り、週ごとに持ち回りで各家の裏庭で練習するといったやり方もある。また、イヌは長い（15メートルから30メートルの）つなぎ紐を使うと、満足のいく練習とトレーニングができるということは、覚えておいて損はない。

　リードを付けてトラブルを避けるのは賢明である。それでもやはり、緊急時に備えて大声で「オスワリ」か「フセ」と叫んだときに、確実に反応するようにプルーフィングを行っておいたほうがよい。そうしないと、走って逃げていくイヌに叫んでも、もっと速く走っていってしまうだけである。走っていく先が、子どもの集団や交通量の多い通りのときに、絶対にそんなことが起こらないようにしなければならない。イヌには、コマンドを大声で叫んだときは緊急であることを伝えているのであって、怒っているわけではないということを理解させておきたい。飼い主がリードを外さなくても、だれかが逃がしてしまうかもしれない。そこで、安全でコントロールされているけれども比較的気の散ることの多い環境、たとえばフェンスで囲まれた庭で、他のイヌと遊んでいるというような状況で、確実にオスワリするようトレーニングを重ねると良い。

　騒々しく落ちつかないイヌをリードなしで遊ばせておいて、呼び寄せてからリードを付ける飼い主がたくさんいる。都会で暮らすイヌにとっ

て、リードを外して跳ね回ることは何より嬉しいごほうびだとしよう。すると、呼ばれてその散歩が終わるということは、最大の失望、すなわち罰になるはずである。つまり、乱暴な行動が強化され、服従反応は抑制される。これでは話が逆である。少なくともリードを外す前に、オスワリ－マテの指示を出すようにしなければならないのである。

　イヌが遊びたがっているのなら、呼ばれて来ることの最大のごほうびは、あきらかに再び遊びに行かせることである。リコールに関する大半の問題は、遊びのセッションを通じて「こっちにおいで－オスワリ－遊んでおいで」を繰り返すことで解決する。

遊んでいるときのリコール

　イヌを呼んだら確実に来させるには、遊びとトレーニングはけっして相容れないものではないこと、つまり、呼ばれて行っても、それは世界の終わりでも、遊び時間の終わりでもないということを教えなければならない。リコールを遊びのセッションに組み入れると、イヌは、呼ばれてすぐに飼い主のところに行くと、すぐに「遊んでおいで」と言ってもらえることを学び、またいっぽうで、呼ばれてすぐに行かないと、結局行くまで遊びは中断する、つまりいずれにせよ行かなければならないということを学習する。

　基本的に、ローバーの運命をローバーの手に委ねるのである。ローバーは、指示に従わずに遊びを終わりにすることもできるし、いったん遊びが中断しても、素直に飼い主のところに行くことによって、遊びを再開することもできる。遊びを再開できるかどうかはローバーしだいなのである。問題行動（他のイヌと遊ぶ）に名前（「遊んでおいで」）を与えることで、その行動が、呼ばれて行くことに対するごほうびとなる。飼い主は、遊びを中断して「こっちにおいで」と要求するたびに、再び「遊んでおいで」と言うと良い。するとそれが来たことに対するごほうびとなる。遊び続けるためにイヌがしなければならないことは、呼ばれる

第3章 ●●● オビーディエンス・トレーニング

たびに必ず行く、ということになる。

　練習は安全な場所で行う。家やフェンスで囲まれた庭、テニスコート、しつけ教室、ドッグパークなどである。最初は、自分のイヌと仲良しのもう1頭のイヌを連れてきて練習する。2頭で遊んでいるときに、ささやくように「ローバー、こっちにおいで」と呼ぶ。ローバーがやってきたら、首輪をつかみ、ほめ、なでてかわいがり、ポンポンと軽く叩き、抱きしめ、トリーツを与えてから「遊んでおいで」と言う。つまり、遊びのあいだにほんの短い、楽しいタイムアウトをとるのである。

　来ないときは「ローバー！！！こっちにおいで！」と指導的に叱責する。何度かコマンドを繰り返すあいだに、少しずつ声の調子と大きさを上げていくのは良くない（飼い主の声に対する系統的脱感作になってしまう）。最初はささやくように要求し、1秒後には思い切りコマンドを叫んで注意を引く。飼い主の口から出る言葉にはきちんとした意味があるということを学習させなければならない。

　指導的叱責によりイヌが寄って来たらほめる。首輪に触れ、トリーツを鼻先で揺らすが、与えない。2回呼ばないと来なかったのにごほうびを与えるのは、賢明ではない。食べ物で誘い、ささやくように「こっちにおいで」と行って2歩下がり、やって来たら首輪をつかんでトリーツを与え「遊んでおいで」と言う。トリーツをもらって「遊んでおいで」と言ってもらうには、1回目の要求ですぐに従わなければならないのである。2回言わなければならないイヌに対しては、1回でできるまでこのリコールを繰り返す。遊んでいるイヌでいちばん難しいのは、注意を引くところである。いったん来てしまえばイヌの注意は飼い主に向いているため、次の指示にも従う可能性が高い。

　指導的叱責をして1秒経っても飼い主のほうに向かって来ないときは、即座に遊び相手のイヌを捕まえて遊び時間を終わりにする。遊び相手をうまく別のところに閉じ込めたら、次はローバーにオイデの練習をさせる。どれほど時間がかかろうとかまわない。他にできることはほとんど

リビングルームに入っていいと言われるのを待つフェニックスとオッソ

　ないため、最後にはローバーはやって来る。来たら（前述のような）リコールを繰り返し、最初の要求で来るようにする。それができたら「遊んでおいで」と言い、その瞬間に別の人に遊び相手のイヌを放してもらい、遊びのセッションを再開する。

　1回呼ぶだけで来るようにするのがいちばん難しいところである。どんな問題解決の方法でも同じだが、繰り返すたびに楽にできるようになっていく。実際に、他の人に頼んで、イヌを来させるまでの時間を計ってもらうといい。何度か繰り返すうちに劇的に良くなっていくのが分かる。「こっちにおいで」と「遊んでおいで」を繰り返し、仲良しと遊んでいても、呼べば確実に即座にやって来るようにする。これができたら、別の

第3章 ●●● オビーディエンス・トレーニング

遊び相手と一緒に練習し、さらに3頭一緒に練習する。最終的には、たくさんのイヌと遊んでいても確実に反応するようになるはずである。

生活のなかのごほうび

　問題行動に対処する際に、イヌはイヌであり、当然イヌとして振る舞いたいという、強い要求があるということは分かったことと思う。したがって、その要求を満たすべく努力するのである。この本能的衝動の理論をオビーディエンスのトレーニングに当てはめてみると、イヌには飼い主の指示に従いたいという要求はないと言える。多くのイヌは、なぜ、際限なく繰り返される一見意味のないオビーディエンスのコマンドに従わなければならないのか、その意義が単純に分からないのである。

　トレーナーがまず「オスワリーマテ」と言い、次に「オイデ」と言う。そして「オスワリーマテ」と言い、「オイデ」と言う。「どっちかに決めてくれよ。何をしてほしいんだい？　オイデかい？　マテかい？」飼い主が「ツケ」と言い、それから「オスワリ」という。そして「ツケ」、また「オスワリ」。そのあと3回右に回って、結局は出発点に戻っている。ご主人はバカか、それとも道に迷ったかとイヌは思っているに違いない。「要するに何がしたいんだい？　急いでどうなるんだい？」練習をしすぎたイヌはすぐに飽きてしまう。反応にキレがなくなり、ダラダラノロノロして、確実性が落ちていく。叱責は厳しくなり、イヌはますます従いたくなくなっていく。そして最後には従わなくなる。

　ほめたりトリーツを与えたりといった通常のごほうびは、初めてコマンドを教えて、しばらく練習するあいだは十分効果があるが、気が散りやすい環境でのトレーニングでは、100パーセントの効果はまず期待できない。しかし、生活のなかのごほうびを使うと、確実に反応するイヌになる。経験的に言って、あらゆるイヌにとって1番のごほうびは、トレー

ニング中に気を散らす原因、すなわち、その瞬間にイヌが本当にしたがっていることである。問題となっている行動のそれぞれに名前を与え、合図によってその行動を取るようにしつければ良い。そうすれば「私のしてもらいたいことをすれば、したいことをさせてあげよう」という取り引きができる。ここでイヌのしたいことというのは、気の散るもととなっていることである。それまでは良い行動とは相容れず、トレーニングの邪魔となっていることが、今度は良い行動を強化するごほうびとしてトレーニングの役に立つ。

　ふつうに歩いたり匂いを嗅いだりすることは、良いツケをしたときのごほうびとなり、他のイヌとの遊びは、呼ばれて来たときのごほうびとなる。このようにして、イヌがしたがるあらゆる活動のなかにトレーニ

ングを組み込める。たとえばフェニックスはもともと猟犬ではないけれども、散歩を期待して喜んでリードを玄関までくわえていく。リードは家のなかでも優れたルアーであり、ごほうびなのである。

イヌの「スイッチを入れる」

　緊急時のために、「オスワリ」や「フセ」といった抑制的コントロール・コマンドを1つ選び、何をしているときでも反応するようしつける。イヌが他のことに気を取られているときは、最初に与えるコマンドがイヌにとっていちばん難しいコマンドとなる。そこで、最も簡単なコマンド、たとえば「オスワリ」を選ぶとよい。いったんオスワリすればイヌの注意がこちらに向くので、以後の指示、たとえば「フセ」など他の抑制的なコントロール・コマンドや、「こっちにおいで」などもっと複雑な活動的コマンドにも従う可能性が高い。

　しかし、いったんオスワリをしたら、すぐに解放してやるとよい。オスワリをしたということは、イヌがこちらに注意を向け、コントロールに従っていることがはっきりしているからである。

　イヌがしたがる活動を20選び、イヌにとって価値の高い順に書き出して、冷蔵庫のドアに貼りつける。今後は、イヌがしたがるすべての活動の前、および、活動の合間に何度も短いトレーニングを差し挟むようにする。なぜこんなことをするかというと、イヌに基本的な礼儀を教えているだけである。「○○をしてもいいでしょうか？」「○○を続けてもいいでしょうか？」と言えるようになってもらいたいのである。この礼儀として使う行為は、何でもよい。緊急時の「オスワリ」のように短く簡単なことかもしれないし、5分間の「フセーマテ」のように長いものか、あるいは「オスワリ、フセ、オスワリーマテ、タテ、フセ、タテーマテ、フセーマテ、オスワリーマテ、オイデ、ツケ、オスワリ、ツケ、オスワリ」のような複雑なものでもよい。

オスワリは「恐れ入りますが、車のドアを開けていただけませんでしょうか」という意味である。

楽しいことをする前に

　リードを外す前、夕食の前、トリーツをもらう前、リビングルームに入る前、ソファに乗る前、外出の前、帰宅の前、テニスボールを投げてやる前などにオスワリをさせる。するとすぐに、ちょっとした合図だけでオスワリをするようになる。

楽しいことをしている合間に

　リードを付けて散歩をしているとき、リードなしで散歩をしているとき、食事をしているとき、ソファで寝そべっているとき、飼い主と遊んでいるとき、他のイヌと遊んでいるとき、「モッテコイ」遊びをしているとき、合間に何度か「オスワリ」をさせる。知らず知らずのうちにイヌは飼い主と仲間になり、反目し合うのではなく、協力し合う関係になっ

第3章 ●●● オビーディエンス・トレーニング

セントラルパークで散歩の合間のトレーニングを楽しむムース

ている。こうなったイヌはもう飼い主が求めることの意義を理解しており、要求を強制する必要はほとんどなくなる。

　イヌがしたがるあらゆる活動に短い（3～5秒の）トレーニング・セッションをたくさん差し挟んでいると、そのうちイヌにも、トレーニングと遊びの区別がつかなくなってくる。遊びのセッションはコントロールされたものになり、トレーニングは楽しいものになる。実際こうなると、最高レベルの動機付けトレーニングができていることになる。これは自然な動機付けである。すなわち、トレーニング自体が自己強化のプロセスとなっている。もうトレーニング中にごほうびは必要ない。イヌにとって「それをすること」がごほうびだからである。

芸について

　芸を教えるのは、トレーニングのなかでも楽しく愉快な部分である。自分のイヌがオテをしただけで、ニヤニヤと顔が崩れてしまう人はたくさんいる。いっぽうで、芸を教えるのは愚かなことだと思っている人もいる。下品なことだと考える人もいる。さらにはイヌに芸をさせるのは残酷だと言う人すらいる。開いた口がふさがらない。こういう人は、イヌと一緒にいてもたいして楽しくないに違いない。ついでに、イヌのほうもこんな人と一緒にいても楽しくないだろう。つまらない人たちだ。

　動物にものを教えるのは非人道的だとさえ考えるところをみると、こういう人たちは、さぞねじ曲がった残酷なトレーニング方法を用いているに違いない。彼らは間違っていると思う。完全に。イヌにものを教え、コミュニケーションをとって楽しむことの、どこがイヌを傷つけるというのだろう。逆に、イヌにしつけをしないことのほうが非人道的ではないか。コミュニケーションをとろうとさえせず、人間の言葉を1つも教えないというのは、ひどく残酷なことに思える。そんなことをしていたら、人間の最良の友であり社会的動物であるはずのイヌは、かわいそうに、言葉を持たない非社会的な生涯を送ることになってしまう。そういうイヌは人間が自分に何を望んでいるか分からず、間違ったことばかりをするのである。これはけっしてフェアとは言えない。イヌを私たちの世界に迎え入れよう。私たちの言葉を教えよう。イヌと話をしようではないか。

　芸は楽しいばかりでなく、実際の役にも立つ。イヌの芸は、人間で言うと、スポーツをしたり、数式を解いたり、ダンスをしたり、グリーンでパットを沈めたり、ピアノを弾いたりすることに近い。身体や頭で身につけた技術を磨いて完成に近づけようとする行為なのである。

　また、イヌの芸は、オビーディエンスの基本的コマンドと変わらない。

第3章 ●●● オビーディエンス・トレーニング

芸をするより、オビーディエンスの練習のほうが確実に反応するイヌがいれば、オビーディエンスのコマンドに従うより芸をするほうが楽しいというイヌが多いのも事実だが、どちらも望ましいものではない。芸もオビーディエンスのコマンド並みに正確に、確実に、100点満点の演技でこなさなければならない。また、オビーディエンスの基本的コマンドも、芸、たとえばダンスをするのと同じくらい楽しいものでなくてはいけない。

　ペットにおバカな芸をさせる深夜番組を見ていると、「歌え（Sing）」とか「吠えろ（Speak）」と言われてうまくできないイヌがたくさんいる。6回も言われてようやくロールオーバーや死んだふりをしてくれるイヌがどれほどいることか。だらしがない！　確実性もプルーフィングも全然できてないではないか。芸であれ基本マナーであれ、イヌは最初の要求で反応するようしつけなければならない。もしアメフトチームのクォーターバックがコーチから同じ指示を6回受けなければ正しくプレーできないようなら、そんな選手はすぐにクビだ。1回のコマンドで「吠えろ」を

カリフォルニアの地元テレビ局KPIXの深夜番組、「おバカな芸コンテスト」で優勝したサンディ・トンプソンとキャラハン

させられない飼い主も、同じこと。

　芸の良いところは、周りのだれもが楽しく笑い出すところにある。これが全員にとっての最高のごほうびとなる。実際、芸をするようになると、すぐに芸をすること自体がごほうびとなる。自己強化になるのである。芸は、他の練習でもごほうびとして使える。あいさつのときにきちんとフセーマテができたときは、「ハグ」が素敵なごほうびとなるし、迅速なリコールができたときは、腕で作った輪のなかをジャンプさせることがごほうびとなる。

　ところが、素晴らしくしつけられたイヌが、ツケもリコールもオスワリもマテも完璧に機械のように正確にこなしているのに、楽しそうではなく、飼い主もフロリダのカエルでさえ凍りつくようなほめ方しかしないという例を、いやというほど目にする。いったいどうしたというのだろう。だれかが死んだわけでもないのに。目を覚ませ！　せっかく生きているんだから、今この瞬間からイヌと楽しくやっていこうよ！　とは言うものの、ハリウッドのオーディションを受けるための芸のトレーニ

ボーン型ビスケットを鼻の上に乗せてバランスを取るには、かなり安定したオスワリーマテができなければならない。

第3章 ●●● オビーディエンス・トレーニング

ングを目的としている場合はともかくとして、私自身はやはり実用的な芸や、基本的なオビーディエンスの技術に基づいた芸を勧めたい。たとえば食べ物を鼻の上や前脚の上に乗せてバランスを取るイヌは、かなり安定したマテができるということである。ふだんからものを取ってくるイヌはリコールがうまくできる。ロールオーバーや死んだふりができるイヌは、トリミングのときやノミ取りパウダーを掛けるときにやりやすいし、動物病院の診察でも扱いやすい。コマンドでしゃべるイヌは、迷子になったときやケガをしたときには分かりやすい。後ろに下がることのできるイヌには、子どもたちが食事をするときや、散歩に行こうと玄関ドアを開けるときに、場所を空けるよう指示することができる。

　それでも、うちのフェニックスがオテをしたり、歌ったり、ロールオーバーをしたり、死んだふりをしたりすると、どうしても口元がゆるんでしまう。イヌに教えられる芸は非常にたくさんあるが、ここでは私の好きなものをいくつか選んでご紹介しよう。

おっと！

ロールオーバー

　子イヌにオスワリからフセをさせたら、食べ物のルアーを身体のすぐ近くまで持っていって「ロールオーバー（Rollover）」と指示する。同時にルアーをマズルの横を通って後方に動かし、首の真後ろ、肩の上まで持っていく。このとき、反対の手で鼠蹊部をくすぐると後ろ脚を上げるので転がりやすくなるかもしれない。子イヌの身体が横向きになり、仰向けになってもルアーを動かし続けていると、完全に1回転してフセに戻る。子イヌがロールオーバーをマスターしたら、バリエーションとして反対方向のロールオーバーもできる。このときは「反対向きにロールオーバー（Roll the other way）」のようにはっきりと要求をする。

バン

　ロールオーバーのバリエーションとして、横向きまたは仰向けの状態でマテをして、死んだふりをするというのがある。最初は、フセの姿勢から始める。片手をピストルのような形にして「バン（Bang）」と声に出し、ルアーをロールオーバーの要領で動かして、身体が横向

第3章 ●●● オビーディエンス・トレーニング

きまたは仰向けになったところで「マテ」と言う。トリーツの動きもそこで止める。次に、オスワリの姿勢から同じことをする。「バン」と言ったあとフセのハンドシグナルを出し、さらにロールオーバーのシグナルを出す。次はタテ－マテの状態から「バン」と言う。やはりフセとロールオーバーのシグナルを組み合わせて使う。最後に子イヌが歩いているときに試みる。

　子どもはこの芸が大好きだし、大人でも好きな人が多い。「オメガ・ロールオーバー」の応用が「バン」である。

チンチン

　子イヌにオスワリ－マテをさせ、「チンチン（Beg）」と言い、ルアーを子イヌの鼻の上に、頭1つ分くらい離して掲げ、子イヌが前脚を床から浮かして持ち上げ、腰で座るようにする。子イヌが飛び跳ねるようならルアーを低くして、心もち後ろに動かす。最初は部屋の隅で練習し、子イヌが壁にもたれてバランスをとれるようにしてやるとやりやすいだろう。

ウシロ

　ツケの位置にいるとき、自分と壁のあいだに子イヌを挟み、「ウシロ（Back-up）」と指示する。同時に食べ物のルアーをあごの下から胸のほうに動かす。この練習は、ベッドと壁のあいだなど細く狭いところでしてもよい。そのとき、「ウシロ」の指示のあとに「マエ（Forwards）」や「タテ－マテ」をアトランダムに組み合わせて練習すると良い。前へ、後ろへという概念は、オスワリ－マテなど他の姿勢でも教えることができる。「オスワリ－マエ」「オスワリ－ウシロ」と言って、ツケの理想的なスタート位置などを微調整することもできる。イヌが玄関から出たくて興奮しすぎているときにも、「オスワリ－ウシロ」が役に立つ。

ほふく前進

　子イヌがフセ－マテしているところで、食べ物のルアーを床の上で少しずつ鼻先から遠ざけていく。子イヌが立ち上がってしまったらやり直す。あるいは食べ物のルアーを低い障害物、たとえばベッドやコーヒーテーブル、場合によっては飼い主の脚の下で動かす。

　この「ほふく前進（Grovel）」は、フセ－マテでモゾモゾ動いてしまうイヌの矯正に使える。「ほふく前進」と「フセ－マテ」を交互に指示していると、イヌは、時間はかかってもいずれ両者の本質的な違いを理解する。これまではマテに従うことを邪魔していた問題が、今度は「ほふく前進」として、フセ－マテが上手にできたときのごほうびとなる。

ハグ

　オスワリ－マテから始める。「ハグ（Give us a hug）」と言い、食べ物のルアーを鼻先で振って元気づけ、ゴリラのように自分の胸を叩く。「ハグ」、「オスワリ－マテ」、「フセ－マテ」をアトランダムに組み合わせて指示すると良い。この練習で、イヌは熱烈なあいさつと控えめなあいさつの違いを学ぶ。

この素晴らしい芸は、飛びつきやすい子イヌの問題も簡単に解決することができる。まず、人にあいさつするときはオスワリをするよう子イヌをしつける。その後イヌが成長したら、人に飛びつくことを教えても良い。ただし、指示に従ってである。つまり飛びつくのは、飛びついても良いとき、人がイヌの熱心なあいさつを喜ぶ用意ができているときに、合図に従ってでなければならない。たとえば、イヌに飛びついて来てもいいと言うのは、イヌ好きな人で、イヌ遊び用の服を着ているときだけかもしれない（イヌ好きでない人には、「ゆっくり」や「オフ」「ウシロ」「マットへ行け」「オスワリ」などを言ってもらうと良い）。

飼い主は帰宅したとき、まずフセーマテを指示する。イヌに軽くあいさつをしてからイヌ用の服に着替え、その準備ができたら飛びついてハグをするように言う。こうなると、飛びつき（イヌが大好きな行動）は、上手にマテであいさつができたことのごほうびとなる。

同じように、要求に応じてオテをさせるトレーニングは、前脚を人の身体に掛ける困った習慣を直す手段となる。

オジギ

子イヌにタテをさせ、食べ物のルアーを地面まで下ろしていく。前脚の前、数センチのところでルアーを静止させる。すると子イヌは胸部を下げ、肘と胸骨を地面につけた姿勢になる。腰が落ちてフセにならないよう、お腹の下に反対の手を添えてやる（ただし触れないようにする）必要がある場合もある。

このオジギ（Bow）の姿勢は、遊びの誘いである。これ以後の行動は「遊びですよ」と伝える「雰囲気の合図」なのである。子どもたちにとって、この芸は非常に役に立つ。もし子どもがうまくイヌにオジギをさせられたら、このイヌは、その子が気に入って遊びたいと言っているのである。したがって、その子がふざけても、イヌがおびえたりいらついたりする可能性は低い。

186

第3章 ●●● オビーディエンス・トレーニング

また、他のイヌに出会ったときも、この「遊びのオジギ」をさせるとよい。

マワレ

飼い主と向かい合ってタテ－マテをさせ、ルアーを子イヌの頭の上で水平に円を描くように回す。するとイヌは1回転してまた飼い主のほうを向く。マワレ（Turn）ができるようになったら、「マワレ―反対向きに（Turn - The Other Way）」を教える。

ダンス

子イヌにオスワリからチンチンをさせる。ルアーを頭2つ分くらい上に高く上げると、子イヌは後ろ脚で立ち上がる。何秒間かバランスをとれるようになったら、前に歩かせたり、マワレのようにして回転させたりしてもよい。

モッテコイ

レトリーブ[*7]は、ものの名前を教えるのに適した方法である。さまざまなもの、たとえばテニスボール、ゴルフボール、新聞、スリッパなどを

---

*7　ものを持ってこさせること

持ってこさせるとよい。そうしているうちに、イヌはそれぞれの名前を覚える。ものを区別して持ってこられるようになると、家のなかでいろいろと役に立つ。イヌのオモチャ箱の横に立ち、家のなかのイヌのオモチャを全部、見える限り持ってきて箱に入れさせると、家が片づく。また、イヌはなくした鍵やボール、それに迷子になったイヌを見つけるのがとてもうまい。

　最初は、テニスボールや噛むオモチャ、骨、スリッパなど、イヌが喜ぶものを持ってくることを教える。「オフ」「取れ」「ありがとう」のセットを使う。次に、それほど興味を示さないもので練習する。単体で持ってこられるようになったら、2つのうち片方を選んで持ってくることを教える。さらに3つのものから、4つのものから、と練習する。要求したものを1回で正しく持ってこられたら、そのつど最高のごほうびを与える。間違ったものに触れたり、くわえたり、持ってきたりしたら、正しいものを持ってくるまで最初の要求を繰り返す。間違えかけたけれども正しいものを持ってきたときのごほうびは、そこそこのものにする。イヌは

私の父のイヌ、ダート。スリッパとタバコ入れを持ってくるよう、ルアー・ごほうび法でしつけられている。私の見るところ、ダートはこれらの品物を、ただ注意を引きたいがために隠していたと思う。ダートはまた、猟犬特有のユーモアセンスを持ち合わせていた。田舎の野原を駆け回りながら、鳥やウサギにこう叫んでいただろう。「走れ！　走れ！銃を持った男が来るぞ！」

すぐに、正しいものを1回で持ってきたときだけ最高のごほうびがもらえ、迷った末に正しいものを持ってきたときはごほうびが少なくなり、間違ったときは何ももらえないということを学習する。生活のなかのごほうびを用いること。たとえば自分のリードを間違えずに持ってきたら散歩に連れて行くとか、正しいテニスボールを持ってきたら投げて遊んでやるといったことである。

　間違ったものを選んだときにけっして罰してはいけない。罰したからといって間違いは減らないだけでなく、罰のせいで何も選ばなくなる、つまりレトリーブを止めてしまう。イヌがうまくできないこと（つまりはうまく教えられないこと）に不満なら、自分がレトリーブすればよい。そして座って心を静め……明日もう一度やってみよう。

「〜へ行け」のコマンド

　「〜へ行け（Go to…）」のコマンドも、ものや場所の名前を教えるのに適している。たとえばマット、ベッド、バスケット、クレートなどの場所へ行け、家の外へ、家のなかへ、上の階へ、下の階へ行けなどと言える。車の後ろの席に乗れ、助手席に乗れ、ソファから降りろ、ソファに乗れなども場所のコマンドである。いろいろな人のところへ行け、とも言える。このような練習を通じて、子イヌは家のなかのさまざまな場所の名前や、家族や友人たちの名前を覚える。

どこどこへ行け

　子イヌに「マットへ行け」と要求して、食べ物のルアーを見せ、マットのところまで走って、そこにルアーを置く。子イヌはマットのところまで来れば、すぐに食べ物のルアーをごほうびとしてくわえることができる。トレーニングが進んだら、「マットへ行け」と言う前にマットの上にごほうびを置いておく。子イヌは、飼い主が何も持っていなくても、マットへ行けと言われたらその通りに行ってみると良いことがある、と

学習する。

　子イヌがマットのところに来たら「落ちついて」と言う。子イヌがマットの上で落ちついているあいだ、ときおりトリーツを与える。この方法で、さまざまな場所に行けるようしつけるとよい。

　家のなかへ／外へ、2階へ／1階へ、ソファに乗って／降りて、後ろの席へ／助手席へなどの場所を教える簡単な方法は以下の通り。食事用のドライフードをたくさん食器から取り、たとえば裏口のドアのところに立って、ランダムに「外 (Outside)」「なか (Inside)」と言う。「外」と言ったあとにドライフードを1つ外に投げ、「なか」と言ったあとに家のなかに投げる。子イヌはすぐに、飼い主の指示からドライフードの投げられる方向を予測し、正しい方向に駆け出すようになる。

　イヌにストレスがかかっていたり、混乱したりしているときにはとくに、場所のコマンドが役に立つ。ハロウィーンで玄関の前に、騒々しい子どもやお化けの仮装をした大人たちが集まっているときなどである。イヌが通行の邪魔になっているときや、単にメチャクチャに振る舞っているときにも使える。ただ「マットへ行け」「1階へ」「外」と言えば、イヌはまたコントロールできるようになる。

だれだれのところへ行け

　子イヌを2人がかりでトレーニングしているとき、ヨーヨーのようなリコールで行ったり来たりさせることができる。父親が子イヌにオスワリをさせ、「ローバー、ママのところへ行け」と（1回だけ）指示する。母親は1秒待って、ローバーを呼び寄せる。オビーディエンスか芸のトレーニングをすこししてから、「ローバー、パパのところへ行け」と言う。父親は1秒待って、子イヌを呼び寄せる。これを繰り返す。子イヌはすぐに、「だれだれのところへ行け」と言われたときは、別の人に呼ばれてトリーツをもらえるということを覚える。子イヌは飼い主のトレーニングに協力しようと一生懸命なので、「だれだれのところへ行け」と言われたらすぐに、

第 3 章 ●●● オビーディエンス・トレーニング

「～へ行け」と「～に触れ」のコマンドを組み合わせると、イヌはすぐに熟練した役者になる。

もう1人の人のところに走って行くようになる。つまり、子イヌはリコールされることを予測しており、「〜へ行け」という要求の意味を学習したのである。こうなると、行った先でいくつものトリーツをもらい、ハグもしてもらえる。

　人間が2人だけのときは、子イヌが勝手に予測をして、何も指示していないのに2人のあいだを行ったり来たりすることがある。この問題をうまく回避するには、3人以上で総当たりのリコールの練習をする。まず2人のときと同じように、「ジェイミーのところへ行け」と指示し、1秒後にジェイミーが子イヌを呼ぶ。子イヌは、他に2人以上の人が目に入るため、ただ駆け出していってトリーツをもらうというわけにはいかない。人の名前をきちんと確認してから行く必要がある。正しい人のところへ行ったら素敵なごほうびが待っている。間違った人のところに行ったら無視されるだけである。

　「だれだれのところへ行け」のコマンドは、複数の人が各部屋に散らばった状態で練習をしても良いし、外で散歩の途中に行っても良い。この練習で、飼い主はほとんどエネルギーを使わずに簡単にイヌを疲れ果てさせることができる。たとえばジャーマンポインターを連れて2人で散歩に出かけ、途中で行ったり来たりさせれば、飼い主たちはほんの1キロほどしか歩いていないのに、イヌは20キロ近く走ることになる。

　「だれだれのところへ行け」コマンドには家庭での使い道も多い。一家専属の捜索救助犬を飼っているようなものである。キャンプのときに幼いジェイミーちゃんの姿が見えなくなった。こんなとき父親はローバーに、「ジェイミーのところへ行け」と指示できる。家族の一員であるローバーは、その卓越した嗅覚でおチビちゃんを見つけ出す。

　ローバーの首輪にメモを結びつければ、相手にメッセージを届けてくれる。「夕食の時間だから帰りなさい」「2階にコーヒー持ってきてちょうだい」「こっちに来てチャンネル変えてくれない？」ほら、これはもう、みんなで会話をしているのと変わらないのだ！

第3章 ●●● オビーディエンス・トレーニング

1996年にカリフォルニア州ロングビーチで開催された「パピードッグ・オールスターズK9ゲーム」大会でワンワンリレー（ビッグ・ドッグ・スポーツウェア主催）の世界記録を樹立後、優勝リボンをもらう「シリウス・ダート」チーム

第 **4** 章

トレーニングの理論
――なぜこの方法がうまくいくのか

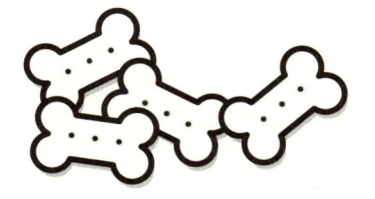

かつて、高名なアメリカ人心理学者のエドワード・リー・ソーンダイクが、動物の学習に関して、オペラント条件付けと行動修正の研究を始めたとき、動物がどのようにものを学ぶか調べるために、最初に協力を求めた相手はドッグトレーナーたちだった。それから100年、流れは逆転し、現在ではドッグトレーナーたちが、より効率的で効果的なトレーニング法を求めて、動物の学習の研究分野に目を向けるようになっている。

　トレーナーであればまず、パブロフ、スキナーといった名前や、古典的条件付けや行動修正などの専門用語を知っている。とはいえ、心理学の学術誌に現場で役立つ情報があふれていることに気づいているトレーナーはほとんどいない。公表される研究結果は、優れた実践応用ができるはずの人々が読もうとしても、わかりにくく、事実上理解不能な学術用語で記述されているからである。そのため現在に至るまで、学術研究が動物の実際のトレーニングに応用されることはほとんどなかった。

　学習に関する研究では、同じ条件付けでも古典的条件付けとオペラント条件付けは別々に扱われる。しかしこれは恣意的な区別であり、研究の都合に過ぎない。多くの心理学者、とくに厳密な学問への志向を持つ者は、2つの条件付けのあいだのささいな理論的相違をことさらに強調しがちで、両領域をますます解離させている。しかし、このような分離主義的なアプローチには理論的な根拠がなく、研究結果の実践応用の有用性を考えると、きわめて非生産的なことである。

　実際には、古典的条件付けとオペラント条件付けというのは、1つの基本的学習過程の別々の側面を理論的に分析したものにすぎない。オペラント条件付けの研究は、主として行動の発生頻度を変えることに関心を向け、古典的条件付けの研究は刺激による行動コントロールや、合図で行動を起こさせることに取り組む。実践的な観点からすると、両アプローチの良い部分を組み合わせ、イヌをはじめとする動物や、人間を対象としたトレーニング技術に応用するのがよい。まとめて言うと、実践的なトレーニングの流れはこのようになる。

動物の学習の実践トレーニングへの応用

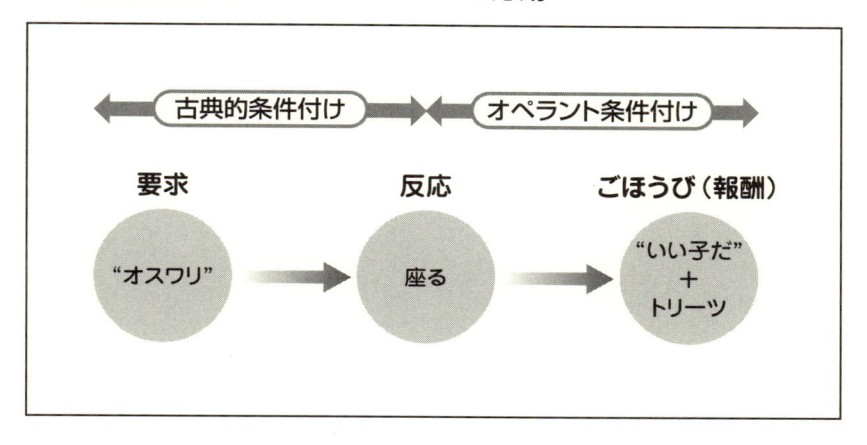

```
←―― 古典的条件付け ――→ ←―― オペラント条件付け ――→

   要求              反応            ごほうび（報酬）
 "オスワリ"    →    座る      →     "いい子だ"
                                        ＋
                                      トリーツ
```

行動の頻度を高める

　ソーンダイクの「効果の第一法則」によれば、行動の頻度は直後に受ける結果に左右される。結果が好ましければ、その行動の頻度は増加する。たとえばラブラドールレトリバーのラリーが、スーパーマーケットから食料品の詰まった袋を抱えて帰ってきた飼い主に飛びついたとする。そしてラリーはソーセージをくすねることができた。すると、ラリーが今後飼い主に飛びついてあいさつする頻度は高くなる。これが、基本的なトレーニングのパターンとなる。イヌにごほうびを与えることで、それに先行する反応を強化する。したがって、その反応の頻度が高まる。

刺激によるコントロール

　ドッグトレーニングの目的は、別にイヌにオスワリのしかたを教えよ

うというものではない。生後4週齢の子イヌでもオスワリのしかたくらい知っている。また、イヌがすでにしている行動の頻度を単に増やしたり減らしたりしようというわけでもない。飼い主はオスワリの時間を増やしたいと思っているわけではないのである。飼い主が望むのは、オスワリしてほしいときに確実にオスワリしてもらうことである。つまり、ドッグトレーニングの主要な目的は、刺激による行動のコントロールが確実にできるようにして、イヌに合図に従った行動をさせることにある。

基本的なトレーニングの流れにおいて、(a) ごほうびは先行する反応を強化し、(b) その結果、その行動の頻度が高まるが、(c) そればかりでなく、ごほうびは、要求と適切な反応とのつながりを強化し、(d) それによりイヌが合図に——つまりトレーナーの要求に——従って反応する可能性も高まる。

いずれイヌは、オスワリするように言われたときにオスワリをしたら、初めてごほうびがもらえるということを学習する。これがトレーニングの本質である。

正しい反応を誘導する

ドッグトレーニングの理論においては、上記のような法則や原理が20〜30種類あるだけで、その大半は短期間のコースで習得できる。しかしドッグトレーニングの実践技術となるともう少し複雑で、トレーニングする人も、日々の練習と経験を重ねることにより、しだいにスキルを高めていくものである。トレーニングの成否は、イヌがどのタイミングで適切な行動をとるかを正しく予測する能力にかかっている。この予測がつけば、その行動の前に要求を出し、その行動の直後にごほうびを与えることができる。トレーニングを極めるには、イヌが自ら行動するのを待つのではなく、望ましい行動をとるようイヌを誘導する力を身につけ

ることである。そうすればトレーニングは迅速に、スムーズに、楽々と進む。たとえば「オスワリ」と要求したあと、ルアーを使ってオスワリを誘導するのである。イヌはオスワリしたら、そのルアーやその他のごほうびをもらうことになる。

ルアー・ごほうびトレーニングの基本的な流れは以下の通りである。

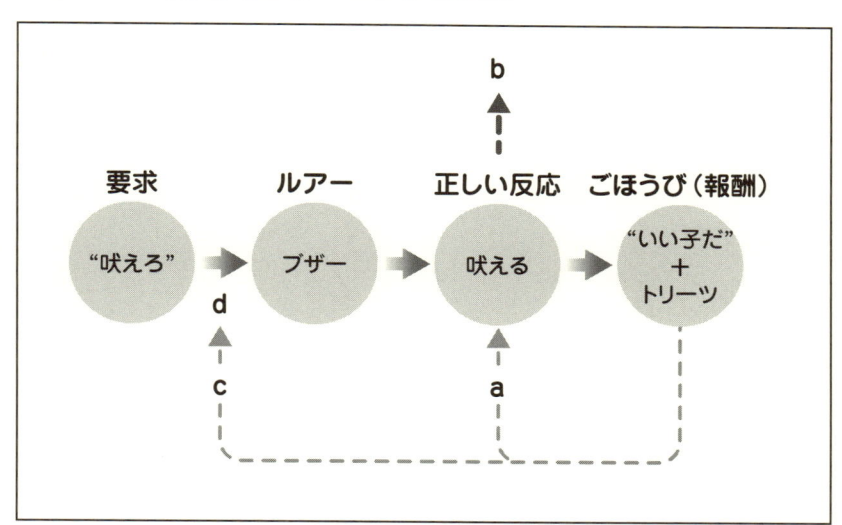

ルアー・ごほうびトレーニングの手順

```
                              b
                              ↑
                              ¦
  要求        ルアー     正しい反応    ごほうび(報酬)
 "吠えろ"  →  ブザー   →   吠える   →  "いい子だ"
                                          ＋
                                        トリーツ
          ↑                  ↑
          d                  a
          ¦                  ¦
          └──────c───────────┘
```

ルアー・ごほうびトレーニング法を使えば、イヌに触って誘導したり力づくで動かしたりすることなく、さまざまな反応を教えることができる。トレーニングの早い段階でイヌに触らないことは、きわめて重要である。反応を促す身体的プロンプトがないため、イヌは言葉による指示と手（ルアー）の動きだけに注意を向けることを最初から学ぶ。こうして言葉によるコマンドとハンドシグナルの意味をより早く学習するのである。これにより、離れた場所でのコントロールと指導的叱責の基礎が

築かれる。

　イヌが正しい反応をしたら、ぜひごほうびとしてなでたり、軽く叩いたりしてやってほしい。しかし、反応をする前に、身体的プロンプトや誘導でイヌの身体に触って、オスワリの姿勢を取らせると、触られることにばかり注意が向き、言葉のコマンドにあまり注意を払わなくなる。

　「おさんぽ」「ごはん」といった数少ない大切な単語をのぞき、人間の言葉のほとんどはイヌにとって意味をなさない。しかし、身体を触られることは常に意味を持つ。イヌは、身体に触られるのは、なでてかわいがってくれるか、罰を与えられるのかどちらかだということをすでに学習しているのである。触りながら同時に話しかけると、イヌは身体的な合図のほうに優先的に反応する。そちらのほうが重要だからである。身体への接触が言葉を覆い隠してしまうため、まるで指示が聞こえなかったかのように振る舞う。

　たしかに首輪を引っ張ったり、尻を押したりすると、オスワリを早く覚えるかもしれない。けれどもそうすると「オスワリ」という言葉の意味を教えるプロセスが2段階になり、余計に時間がかかる。最初の段階では身体的プロンプトに反応することしか教えていない。よって次の段階で、離れた場所からリードなしでコントロールできるようにするために、言葉による指示に反応するよう教えなければならないのである。

　リードと身体的プロンプトと罰だけを使ったトレーニングをしていると、イヌが遠くにいるときなど、物理的に手が届かない場合にコントロールが難しくなる。リードを付けているときは行儀良くしているのに、リードを外すと、確実には言うことに従わなかったり、場合によってはまったく従わないかもしれない。加えて、リードを付けたトレーニングからリードなしでのトレーニングに移行するのは、たいへんな時間と労力がかかる。それよりも、ルアー・ごほうびトレーニング法を使って、最初から、リードを使わずに言葉による離れた場所からのコントロールができるようにするほうが簡単で、時間もかからず、効果があり、効率

も良く、ずっと安全で、しかも楽しい。ルアー・ごほうびトレーニング法で、リードを付けずにコントロールできるようになったら、リードを付けて散歩に連れて行ってもかまわない。これはイヌへのコントロールを弱める方法ではなく、コントロールを高めるやり方なのである。

行動の頻度を下げる

ソーンダイクの「効果の法則」によれば、行動の結果が好ましくないと、その行動の頻度は減少する。たとえばラブラドールのラリーが帰宅した飼い主に飛びついたとき、たまたま飼い主がドッグフードの缶詰を20個ばかりラリーの頭の上にバラバラと落としてしまったなら、ラリーが今後飼い主に飛びつく可能性は低くなる。

二択フィードバック

自分たちの話す言葉を理解しない生き物に何かを伝えようとするとき、相手が動物であれ、赤ん坊であれ、外国人であれ、話の通じない夫であれ、情報はすべて、自分にも相手にも理解できる単純な二択の形に変換して伝えるしかない。つまり、イヌの反応に応じたフィードバックで行動修正しようとする場合、それは「ごほうび」と「叱責」を「与える」か「与えない」かという形をとらざるをえない。「ごほうび」と「叱責」によるフィードバックには次頁の4種類がある。このうち2つはトレーニングに欠かせないものであり、残りの2つはそうではない。

ごほうびと叱責によるフィードバックのタイプ

> 1. ごほうびを与える　　対　　ごほうびを与えない
> 2. ごほうびを与える　　対　　叱責する
> 3. ごほうびを与えない　対　　叱責しない
> 4. 叱責する　　　　　　対　　叱責しない

1．ごほうびを与える　対　ごほうびを与えない

　イヌに指示の意味と意義を教えるとき、つまり「何をするか」と「なぜそれをしたほうがよいのか」を教えるときの二択フィードバックは、「ごほうびを与える　対　ごほうびを与えない」のタイプになる。幼い子イヌを教えるときや、もっと成長してから芸を教えるときにも、このタイプのフィードバックを使う。

　ここでイヌが学ぶのは、正しくやればごほうびがもらえ、間違うともらえない、ということである。トレーニングの初期段階では、ほめてもらえない、ポンポンと叩いてもらえない、トリーツをもらえないというのは、間違ったことに対する十分な「罰」となる。

　もっともこの段階で「正しくできなかった」ことは、「間違い」とは呼べない。何が正しいかをまだ最後まで教えていないのだから、子イヌには何が間違っているかも知りようがないのである。それでも子イヌはそれほど時間をかけずに、飼い主の指示に従うことがいちばん自分のためになるということを理解する。そしてすぐに進んで従うようになる。

　指示の意義を学ぶトレーニングの段階では、正しくできずにごほうびをもらいそこなうと、イヌの失望はいっそう大きい。この段階で使うごほうびは、イヌにとって非常に価値がある「生活のなかのごほうび」だからである。当然、イヌはあっという間に、飼い主の指示に従うことこ

そが自分のためになると学習し、その結果、進んで従うようになる。

　人の捜索や救助、爆弾の探知などのように、確実性が大きく求められるトレーニングでも、現在最先端の技法は「ごほうびを与える　対　ごほうびを与えない」フィードバックである。一度も罰を用いることなく、多くのイヌの反応を短期間に95パーセントもの確実性までもっていくことが可能である。

2．ごほうびを与える　対　叱責する

　イヌが指示の意味だけでなく、その意義も理解したと完全に確信できたら、プルーフィングを行い、常に正しい反応を「強制する」段階に入る。正しいことをしたらそれに応じてごほうびを与えるが、間違ったら叱責する。イヌは叱責されたうえで、やはり正しく反応しなければならない。

　ここで、あわてて実行に移す前に、いくつかの言葉の意味を定義しておこう。「イヌが指示の意味を理解する」とはどういうことか、お分かりだろうか。また、「強制する」や「叱責する」という言葉を、どう理解されているだろうか。

　最初にやるべきことは、イヌの理解度のテストである。イヌを裏庭に連れ出し、好きにウロウロさせる。それから5分間、時計を見て、秒針が20秒、35秒、40秒、60秒を指すたびに、落ちついた声でオスワリを指示する。5分間で合計20回、要求を繰り返すことになる。20回のうち19回オスワリしたら確実性は95パーセントで、イヌは言葉による指示をよく理解しており（あくまで裏庭で、気の散るもののない環境で）、プルーフィングをする段階に進む準備ができている（あくまで裏庭で、気の散るもののない環境で）と言える。

　オスワリできる回数が19回未満のときは、まだ次に進む準備ができていない。ごほうびトレーニングに戻ってさらに練習を繰り返す必要がある。

この簡単なテストから、イヌの行動の確実性が、(1) どこでテストをするか（キッチン、庭、公園）、(2) 気を散らすものとしてどんなものがあるか（匂い、子ども、他のイヌやリス）、(3) だれがトレーニングをしているか（飼い主、家族、友人、見知らぬ人）により大きく変わることが分かる。

　「強制する」というのは、ここでは、イヌに「影響力を行使」することにより、従うように「迫ったり」、行動を「強いたり」することを意味する。身体的に無理強いするという意味ではないし、精神的にすらトラウマを与えるようなことは意味しない。正しい反応を「強制する」とは、単に、イヌにオスワリを求めたら間違いなくオスワリをするようにさせる、ということにすぎない。イヌは、何かひどい仕打ちを受けるからオスワリをするのではなく、オスワリするまで飼い主がトレーニング・セッションをあきらめないからオスワリをするのである。

　基本的に、「強制する」という言葉を使うときには、イヌに一貫した反応を冷静に迫ることによりトレーニングに一貫性を持たせる段階に入った、という含みがある。オスワリへの要求は軽い調子であっても、今やその指示には、イヌは従わなければならないという飼い主の意志が込められている。つまり、その「ささやくような要求」は、もはや柔らかい口調ながら「命令」（コマンド）であり、即座に従わなければ叱責するという「警告」なのである。

　ここで「叱責」とは、言うまでもなく指導的叱責、すなわち、間違いをしそうになっていることをイヌに知らせると同時に、修正するにはどうすればよいかを知らせる叱責である。叱責は体罰を意味するものでなく、またイヌをおびえさせたり傷つけたりするものでもまったくない。

　正しい反応を「強制する」段階での基本的なトレーニング手順は、次頁のようなものになる。

正しい反応を「強制する」トレーニング手順

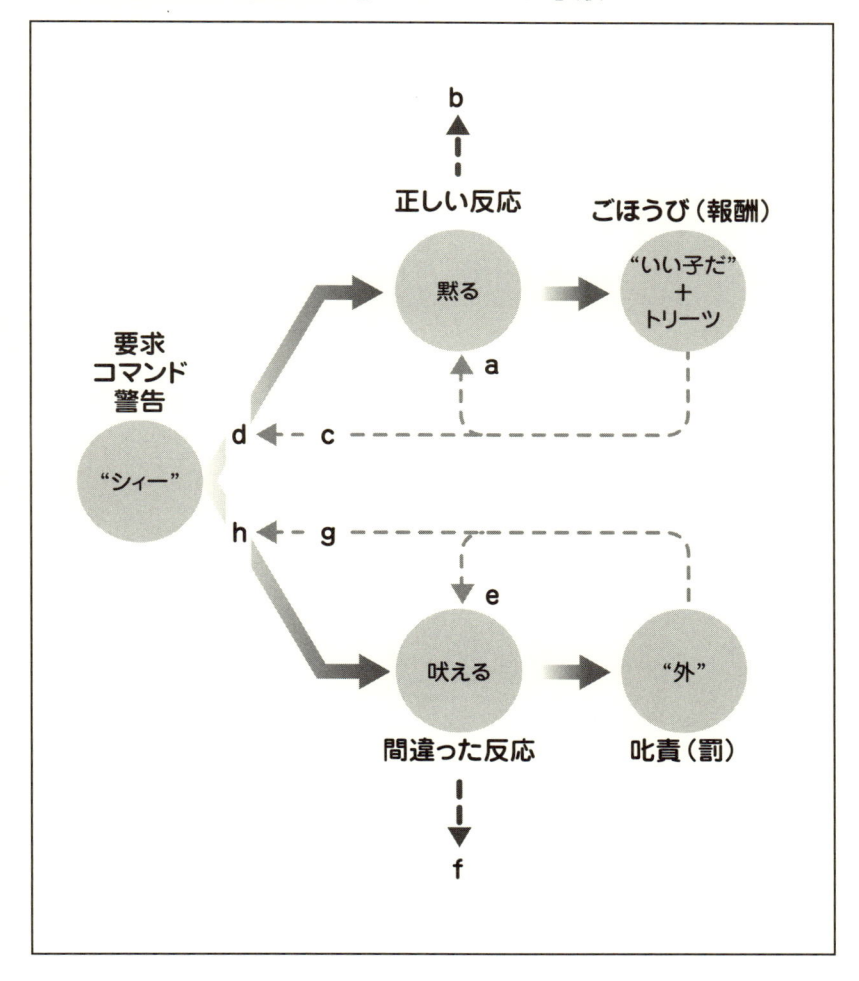

```
                    b
                    ↑
           正しい反応      ごほうび（報酬）
             ┌───┐         ┌───┐
             │黙る│────→│"いい子だ"│
             └───┘         │  ＋   │
              ↑ a          │トリーツ│
要求           │            └───┘
コマンド   d ←── c ────────────┘
警告       
┌───┐
│"シィー"│
└───┘      h ←── g ────────────┐
              │                  │
              ↓ e                │
             ┌───┐         ┌───┐
             │吠える│────→│"外"│
             └───┘         └───┘
           間違った反応    叱責（罰）
              ↓
              f
```

　この段階では、飼い主の要求（コマンド／警告）は、イヌに行動の選択肢を与える分岐点である。正しい選択にはごほうびが与えられ、(a) そのごほうびが、正しい反応を強化し、(b) それにより、その行動の頻

度が高まる。(c) 同時にごほうびは、要求と望ましい行動との結びつきを強化し、(d) それにより、今後そのイヌがこちらを選択する可能性が高まる。

逆にイヌが間違った選択をすると叱責が与えられ、(e) その叱責が、間違った反応を抑制し、(f) それにより、間違った反応の頻度が下がる。(g) また同時に叱責は、警告と望ましくない行動との結びつきを強化し、(h) 今後そのイヌが間違った選択をする可能性が低くなる。そのうちに、要求は確実に望ましい行動を引き出すようになる。

3．ごほうびを与えない　対　叱責しない

一見したところ、「……ない 対 ……ない」という図式は、イヌのパフォーマンスに関して何のフィードバックも与えていないように見えるかもしれない。フィードバックを与えなければ、イヌは飼い主が何を正しいと考え、何を間違っていると考えているかを学習しないだろう。けれども、ある意味では、フィードバックを与えられないこと自体、フィードバックになっているのである。このときイヌは、自分が思い通りに振る舞えるということを学習している。トレーニング中にフィードバックを与え損ねることは、トレーニング初心者に最もよく見られる過ちである。

トレーニングでするべきことは、次の2つだけである。まず、(1) イヌに正しい行動を指示し、望ましい行動に対してごほうびを与える。(2) 何が間違っているかを示し、望ましくない行動を叱責する。きわめて単純である。しかし、飼い主になり立ての人は、ふつうどちらもできない。ものを教えたりトレーニングしたりする際には、イヌが（あるいは妻や夫が、子どもが、部下が）望ましい行動をしたときにごほうびを与えられないというのは人間に典型的な過ちであるが、イヌに（妻や夫に、子どもに、部下に）指導的な叱責を与えられないというのも、それとほとんど変わらないレベルの過ちとなる。

たとえば、イヌが呼ばれて何度もやってくるのに、飼い主はありがとうすら言わない、ということがある。ごほうびなしに課題をこなしていると退屈でつらくなってくるため、いずれ課題から逃げ出し、だいたいは完全ストライキに入る。飼い主からのフィードバックがなければ、イヌは勝手な行動を選ぶ。その結果イヌから見て自己強化的な行動にふけるようになる。そうした行動は、飼い主から見ればたいてい「いたずら」なのである。

一部のオビーディエンス競技会では、ごほうびや叱責が使えないことがある。しかし、教育中においては、「ごほうびを与えない　対　叱責しない」型のフィードバックを使うことはない。むしろ、このタイプのフィードバックはトレーニングの終着点と言えるだろう。ハンドラーがフィードバックをひとつも与えなくとも、イヌが自ら進んで、楽しく、確実、かつ正確に指示に従うという究極のパフォーマンスの状態である。

たしかにフィードバックなしにイヌを教えることは不可能だが、フィードバックが与えられないような状況に備えて、短く時間を区切ってフィードバックのない「トレーニング」をしておくことは、あらゆる飼い主にとって、とくにオビーディエンス競技会への参加を考えている飼い主にとっては大切である。

4. 叱責する　対　叱責しない

動物の教育であれ人間の教育であれ、罰を用いるトレーニングが生産的な役割を果たすことはけっしてない。しかし残念なことに、人間は「良い面には目を向けず、悪いことは罰する」という過ちを犯し続ける。妻と夫、親と子、上司と部下、人間とペット、あらゆる関係に、この種の過ちが見られる。

現在でもなお、イヌが「指示」の意味も意義も理解していないにもかかわらず、罰を与えるトレーナーが存在する。たしかにそれでもイヌは学習するが、学習する中身は完全に間違ったことになる。第一にそのイ

ヌは、だれにトレーニングされるかに関係なく、トレーニング体験全体を嫌うようになる。第二に、そのイヌは、トレーナーに罰せられないあらゆる機会をとらえて、嬉々として「いたずら」する。

ごほうびと罰の基準

　ごほうびも罰も、多くの絶対的基準を満たすときにのみ与えるようにしなければならない。

　罰は効果的でなければならないが、威圧的であってはならない。罰を効果的に使うには、指導的に、迅速に、かつ一貫して与える必要がある。また、前もって警告しておくことがとくに大切である。つまり、トレーニングで学んだとおりに正しく行動して罰を避けるという選択肢を、きちんとイヌに与えるということである。言い換えると、罰に効果を持たせるには、イヌが正しい行動を知っていなければならないのである。

　同様にごほうびも、効果的であっても、刺激が強すぎてはならず、また迅速に与える必要がある。最大の効果を得るには、分化強化スケジュール（p.216以下を参照）に従い、量的にも質的にも変化をつけて与えるべきである。

叱責の基準

　罰の第一の基準は、罰は罰するものである、ということである。すなわち、効果がなければならない。効果のない「罰」は単なる虐待にすぎない。同じ過ちに対して罰を繰り返すとしたら、その罰には効果がないという注意信号である。つまり、罰は明らかに罰として働いておらず、別の計画に変更するべきである。

　罰は、効果が上がる程度の強さは必要だが、イヌの集中力を奪ったり、飼い主への信頼を損なったりするほど極端であってはならない。罰を用

いるときは、問題行動を消去するけれども、その過程でイヌの気質を大きく傷つけたり、飼い主との関係を壊したりしないよう注意する必要がある。小さな利益のために大きな犠牲を払うことのないよう気をつけよう。罰の重さを、イヌの過ちと釣り合うものにするのである。たとえば、成犬が空咬みをしたり人に飛びついたりするのは重大な過ちだが、幼い子イヌがペルシャ絨毯の上にウンチをしてしまったとしても、それは比較的軽い過ちである。

なぜ罰を受けたかをイヌに分からせる必要がある。それができるかどうかは、罰の迅速さにかかっている。「犯罪」の直後に罰を与えることで、イヌは状況を理解する。

遅れて罰を与えても効果はない。しかも、非常に危険なことになる。罰はその直前の行動を抑制するものである。そのため、遅れて罰すると、主に、イヌが飼い主にあいさつしたことや、飼い主に近づいたこと、飼い主が近づいたり捕まえたりするときに逃げなかったことを罰することになってしまう。そうしたイヌはすぐにハンドシャイになり、飼い主の接近に用心するようになる。

留守中のイヌの行動や、家から逃げ出したことや、マテを崩したことに対して罰を与えたい場合でも、迅速にする必要がある。自分でどうすればよいか分からなければ、詳しい人に相談するとよい。もっと良いのは、イヌに間違った振る舞いをする機会を与えないことである。適切なしつけを完了するまで、どこかに入れておくなり、リードにつないでおく。そうすれば間違った振る舞いをしないし、罰の必要も一切なくなる。

身体的な罰よりも、言葉による叱責のほうがはるかに効果的である。叱責は遠くからでも即座に与えられるが、イヌに近寄って捕まえ、「アイタッ」と思わせるには時間がかかる。また、指導的叱責はその性質からして内容が明確で情報を含んでいるが、身体的叱責は何に対しての叱責かという情報を伝えない。「急げ！」「ゆっくり！」「オスワリ！」「オフ！」「やさしく！」「外！」「シィー！」「噛むオモチャ！」はすべて指

導的叱責であり、1つの単語でイヌに2つの情報を伝えている。（1）イヌが今間違いをしそうになっていること。（2）その間違いを正すにはどうすればよいか。叱る声の大きさと口調からしてそれは叱責であるけれども、同時に指示の内容が、どうすれば修正できるかをイヌに教えている。そのためイヌは、さらなる罰を避け、逆に正しく行動してほめてもらうこともできるのである。

　たとえば「オスワリ！」と叱責されたイヌは、（1）自分が何か間違いをしそうになっており、（2）飼い主が自分にオスワリをさせたがっていることを知る。しかしツケの練習中に繰り返しリードによる非指導的な矯正を受けるイヌは、たいてい混乱する。急いでほしいのか、スピードを落としてほしいのか、遠ざかってほしいのか、近寄ってほしいのか、オスワリをしてほしいのか、微笑んでほしいのか、あるいはおならをしてもらいたいのか、イヌにはおそらく分からない。

　トレーニングをする際には、トレーニング済みの適切な振る舞いさえしていたら罰を受けずにすむことを、学ぶチャンスをできる限り与えなければならない。どんな場合にも望ましくないと飼い主が考える行動（見知らぬ人に飛びつく、子どもや家畜を追いかけるなど）に対しては、それに代わる行動をイヌに知らせておく必要がある。つまり、イヌにはまず適切な行動を教え、それぞれの局面でその行動をとるよう指示を与える。たとえば人にあいさつするときには「オスワリ」と言う。

　罰の回避トレーニングは、単純な罰トレーニングよりも効果的である。プルーフィングの段階では、「オスワリ」の要求には、もしオスワリしないと叱責するという警告も含まれている。したがって、イヌには、罰を回避するためにオスワリをするという選択肢が残されている。場合によって適切であったりなかったりする行動（たとえば吠えること）に対して罰を与えるときは、必ず事前に警告しなければならない（「シィー！」など）。このような警告をせずに単純にイヌの間違った振る舞いを罰する（罰トレーニング）としたら、イヌは罰を回避できない（非人道的）上に、

警告の意味も学習できない（無意味）。

　罰トレーニングや、嫌悪条件付け、罰の回避トレーニングでは、イヌが間違った振る舞いをするたびに必ず罰を与えなければ、効果が上がらない。一度でも罰を与えそこなうと、問題が……大きな問題が生じる。罰を受けずにすむ状況があると気づいたイヌは、状況に応じて振る舞いを変え、たとえば飼い主の留守中に間違った振る舞いをするようになるからだ。

ごほうびの基準

　ごほうびは、イヌにとって価値があるものでなければならない。イヌにはそれぞれごほうびのランクづけがある。イヌによりごほうびの好き嫌いがあるし、2つのごほうびのどちらが良いかは、そのときどきで変化する。それまで大好きだったごほうびが、もう行動を強化するに値しなくなることもあれば、それどころか邪魔になることすらある。イヌが仲間と跳ね回りたいとしか思っていないときに、一生懸命なでたりほめたりしても、あるいは口にフリーズドライのレバーを押し込んでみてもしかたがない。唯一効果を発揮するごほうびは、「遊んでおいで」と言うことである。ここで飼い主は、それまで間違った振る舞いを促すもとだったものを、良い行動を強化するごほうびへと転換しなければならないのである。

　ごほうびも迅速に与える必要がある。遅れてごほうびを与えると、必ず間違った行動を強化してしまう。たとえば他のイヌと遊んでいるときに呼ばれ、即座に反応して弾丸のように走ってきたのに、ほめるのが遅れてしまうと、そのあとのだらしないオスワリや飛びつく行動を強化してしまうかもしれない。また、ごほうびが遅れたために、望ましい行動を抑制するという不幸を招く可能性もある。たとえば、リコールがうまくできたのに、そのあと飛びついたことで罰を与えると、その罰で飛びつきが強く抑制されるばかりでなく、良かったリコールも部分的に抑制

されてしまうのである。そうすると、イヌはいずれ呼んでも来なくなる。良い行動に対して迅速にごほうびを与え、悪い行動に対しては迅速に叱責していれば、良い行動は強化され、悪い行動は抑制されるという望ましい効果が得られる。

　学習を早め、また習得したことを定着させるには、正しい反応へのごほうびをいつ与えるべきか、あるいはいつ与えるべきでないか。このたった1つの問いに関して、何千もの科学研究が行われているが、心理学的な研究においては、以下のようなさまざまな強化スケジュールが試されている。

強化スケジュール

1. 連続強化（CR）
2. 固定比率（FR）
3. 固定時隔（FI）
4. 変動比率（VR）
5. 変動時隔（VI）
6. 分化強化（DR）

　連続強化スケジュールは、実際には研究室のなかでしか用いられない。ごほうびは通常コンピューター・プログラムに従って与えられる。この強化に関して、ドッグトレーニングでの有効な利用法はほとんどない。第一に、すべての正しい反応に対して常にごほうびを与えるなどというコンピューターのような能力は、トレーナーは持ち合わせていない。第二に、連続強化をすると、最初は急激に学習が進むが、その後反応がしだいに乱れ、不確実になっていく。

　同様に、固定比率と固定時隔の強化も学問的研究で用いられるもので、

実践分野では効果がないことが知られている。しかし不思議なことに、人間のトレーニングでは、固定比率や固定時隔の強化スケジュールが広く行われている。効果はないというのに！　たとえば、固定時隔スケジュールでは、一定の期間ごとにごほうび（報酬）が与えられるが、こうした「週給型強化」や「給料日報酬」方式の場合、従業員は、働いていようといまいと給料が支払われることを知っているため、遊んで怠けがちになることが大きな問題となる。また、仕事の質も一定しない。週給の支払日である金曜日が近づくにつれ、みんな猛烈に働くようになるが、月曜の朝はそれほどでもない。甘やかされたイヌも同じで、トリーツをもらうやいなや注意力と意欲を失うイヌは珍しくない。

　一定回数の反応に対してごほうびを与える（歩合制の）固定比率強化では、「比率負担」と呼ばれる状態が生じたり、「品質管理」に問題が起こったりする。ごほうび（一定の支払い）に対して要求される反応（生産個数）が大きくなりすぎると、やる気をなくしてストライキに入ってしまう（比率負担）。また、多くの反応をして（多くの個数を生産して）より多くのごほうび（お金）を得ようと、やっつけ仕事をすると、個々の反応の質は急落する。

　変動比率や変動時隔の強化スケジュールでイヌにごほうびを与えると、正しく反応するごとにごほうびを与える以上の効果が上がる。変動比率スケジュールでは、正しい反応の平均回数に対してごほうびを与える。たとえば、姿勢の変化を正しく3回行ったイヌにごほうびを与えたあと、次は6回目に与え、次は2回目、その次は9回目に与えたとすると、そのイヌは平均5回の正しい反応に対してごほうびを受けることになる（VR5）。20回の正しい反応に対して4回ごほうびを受け取っているからである。

　変動時隔スケジュールも同じで、オスワリ−マテを3秒したあとにごほうびを与え、そのあと12秒、5秒、20秒でごほうびを与える。イヌは平均10秒のオスワリ−マテでごほうびをもらう（VI10）。合計40秒のオスワリ−マテに対して4回ごほうびを受け取っているからだ。

ルアー・ごほうびトレーニング法を使えば、トレーニングの多くは最初から変動比率や変動時隔のスケジュールを用いることができるだろう。たいていのイヌは1回目か2回目の試行で正しく反応し、正しい反応と正しくない反応が明確になるからである。イヌが、1回目から正しく反応したら、即座に比率を上げ始める。1つのごほうびに対して、要求する反応の回数を増やしたり、反応している時間を少し伸ばしたりするのである。1回目で正しく反応できなかったときはもう一度チャレンジすればよい。
　比較的複雑なコマンドを教えるためにシェイピング（反応形成）を使う場合は、正しい反応により近い反応を見せるたびにごほうびを与えて強化する。最終的に正しい反応ができるようになったら、その後は前述したように反応の比率を上げていく。
　現実問題としてきわめて重要なのは、同じ行動に対して毎回ごほうびを与えることはしない、ということである。正しい反応をするたびにごほうびを与えていると、イヌはあっという間に学習するが、そのあとやはりあっという間に忘れてしまう。これに対して、ときおり、ランダムにごほうびを与えるだけにすると、学習する速度は落ちずに、反応の定着度とやる気が高まる。つまり、飼い主の要求に対してより長い期間反応し続け、より熱意をもって反応するのである。
　変動比率や変動時隔の強化スケジュールでは、連続強化と比べて10分の1しかごほうびをもらえない場合でも、学習定着度や確実性が上がるのはなぜだろうか。理由として考えられることはいくつかある。まず、正しい反応をするたびにごほうびを与えられると、ごほうびの価値や珍しさがしだいに薄れ、飽きてしまうということがある。さらに、いずれ反応しさえすれば必ずごほうびがもらえると分かってしまうと、「急ぐことはないさ」と考えるようになるのかもしれない。あるいは、今やらなくてもごほうびは逃げないからあとでやろうとするかもしれない。店が「バーゲンセール」をする理由はここにある。客は、バーゲン品がなくなる前にと押し寄せる。逆に言うと、確実さは現状への満足を生んでしま

第4章 ●●● トレーニングの理論──なぜこの方法がうまくいくのか

うのである。

　度重なる予測可能なごほうびはすぐに飽きるが、不定期で予測できないごほうびは、いつでも嬉しいサプライズとなる。スロットマシン（変動比率）とコーヒーの自動販売機（連続強化）を比べてみるとよく分かる。人は、スロットマシンにはすぐに病みつきになる。この1枚が大金になる、という「絶対確実な知識」（必死の願望）をもって、コインを懸命につぎ込んでいく。当たりが出なければ、もう一度挑戦する……もう一度、もう一度、もう一度！　何度も外れ続けた挙げ句、わずかなごほうび──「チェリー2個」──で喜ぶのである。たったチェリー2個で！　こうして、情けないほど単純な変動比率強化に支えられ、喜々として何時間もぶっ通しで単調な手作業を繰り返すのである。確率的にはまず当たることのないジャックポットを夢見ながら。

　これに対して、コーヒーの自動販売機にコインを放り込む人に、熱意はまったく見られない。もしコーヒーが──ただの一度でも──出てこなければ、どうしたんだと機械を蹴りつけ、かんしゃくを起こす。壊れた自動販売機にもう一度コインを入れてみようとするだろうか？　もちろんしない。イヌも同じである。

　連続強化スケジュールでは、一度でもごほうびをもらえなかったら即座にイヌは反応を止める。1回出れば、自動販売機が空になったことは分かるからである。ご主人はもうトリーツを持っていないか、怒ってトリーツをくれる気にならないのである。この場合、イヌに対する飼い主のコントロールはごほうびに左右される。与えるごほうびを持っていればイヌは反応するが、ごほうびを持っていないと何もしない。しかし、変動比率強化スケジュールを用いると、何度か続けて反応してもごほうびをもらえないことはよくあり、今度こそジャックポットが──悪くてもチェリー2個が──当たるはずだと期待を込めて、イヌは反応し続ける。

　正しい反応に対して変動比率スケジュールでランダムにごほうびを与えていると、イヌは意欲的かつ確実な反応をするようになり、またその

状態を維持できる。しかし、仮に平均10回の正しい反応に対して1回ごほうびを与えるとして、そのごほうびはどのタイミングで与えればよいのだろうか。イヌの食欲を刺激するために、最初の反応に与えるのがよいのだろうか。それとも退屈させないよう、5回目か。あるいは10回の反応を一通り終えたあとか。いや、これらはすべて、単純で効果のない固定比率のFR10になってしまう。本当の変動比率強化のVR10でごほうびを与えるには、50回の正しい反応に対してランダムに5回ごほうびを与える。私たち人間は、ソフトウェアでプログラミングされたコンピューターよりも、間違いなくこれがうまくできるはずなのである。人間は、イヌの反応の回数を数えるだけでなく、この眼でイヌの行動の質を確かめながら、複雑な主観的判断を下せるのだから。

　とくに良い反応に対してごほうびを与えるのが理に適っていることは、明らかである。分化強化というスケジュールでは、行動の質に応じて異なるごほうびを与える。ごほうびの対象とするのは、少なくとも平均以上のパフォーマンスに限るべきである。さらに良い反応をしたら、イヌはさらに良いごほうびがもらえる。最高の反応をしたら、最高のごほうびと、ひょっとすると特別なジャックポットが当たるかもしれない。

　トレーニングが進むにつれ、どのパフォーマンスがどのレベルのごほうびに値するか、あるいはしないかを決める基準を細かく区別していくとよい。こうしてトレーニングは、イヌの行動を繰り返しシェイピングし、磨きをかけ、微調整し続ける、終わりのない学習と改善のプロセスとなるのである。

ごほうびか罰か

　ドッグトレーニングの分野で、ごほうび志向のトレーニング法と罰志向のトレーニング法のどちらがよいかという論争以上に激しく議論が闘わされた問題は他にない。20世紀初頭まで、ルアー・ごほうび法は、あらゆる飼育動物に対するごく一般的なトレーニング法として用いられて

いた。ところが二度の世界大戦を通じて、軍用犬のトレーニング法として強制・罰を用いる方法が絶対的となり、50年代、60年代までには、この「軍隊方式」が、ペットを含むすべてのイヌのトレーニング法として受け入れられるようになった。しかし、レオン・ウィットニー（1963）、エド・ベックマン（1979）、ゲイル・バーナム（1980）らの著作を機に流れは逆転し、現在ではルアー・ごほうび・遊びトレーニング法が再び非常に広く行われるようになっている。

　トレーニングを成功させる秘訣は、誘導と強制の正しいバランスの取り方を学ぶことである。確実に反応でき、心から進んで従うイヌを育てるには、ごほうびも叱責も、両方とも欠かせない。要求の意味と意義を教える段階では、矯正や叱責は一切使わないが、コマンドを強制する段階では必要になる。うまく働くバランスは、叱責1回に対してごほうび10回である。

　とはいえ、矯正や叱責が必要になるということは、イヌが指示の意味や意義をまだ適切に理解していないということの現れでもある。緊急時には絶対にイヌを叱るべきだが、そのあと、(1) イヌと飼い主の傷ついた関係を修復し、(2) 最初に戻って適切な教育をし直す必要がある。

　ルアー・ごほうびトレーニングは、矯正・罰トレーニングと比較して、より簡単で、より楽しく、より効果的で、より効率的である。イヌはより早く学習し、習得したことをより長く覚えている。

簡単に

　トレーニング中に使う叱責や矯正や罰の多くは、一般の飼い主が習得するには難しいものもあれば、まったく無理なものも多い。したがって、家庭犬のトレーニングにはたいてい適さない。リードによる単純な矯正法でも、6歳の子どもには無理である。もちろん「アルファ・ロールオーバー」など論外であろう。考えるだけでも馬鹿げているし、危険性すらある（アルファ・ロールオーバーというのは、イヌの頬をつかみ、仰向

けにさせることである。オオカミの群の強大なボスを真似ることで、だれがボスかをイヌに思い知らせようとしているらしい。これはトレーニングではない。虐待である。こんなことをすれば咬みつかれるのは確実で、そうなればイヌは安楽死だ。こんなやり方を「勧める」というのは、実に愚かなことである)。

いっぽう、「いい子だね」という言葉なら家族のだれでも、たとえ2歳の子どもでも言える。しかし、イヌをほめるのが、とくに公衆の面前では恥ずかしいという男性もたしかにいる。はっきりした口調でほめることができない人はいるにせよ、イヌはトリーツをもらえば明確なメッセージを受け取る。これが、私たちがトレーニングで食べ物を利用する第一の理由である。

楽しく

ごほうびを与えるのは楽しいし、罰を与えるのは不愉快なものである。山ほどごほうびを用意してトレーニングすれば、飼い主も楽しいし、イヌも喜ぶ。いっぽう、罰志向のプログラムは、飼い主にとってもイヌにとっても楽しい活動とは言い難く、罰が繰り返されると、イヌはトレーニングがつまらなくなり、飼い主は不愉快な仕事だと思うようになる。

ごほうびを使うオビーディエンス・トレーニングの素晴らしい効用として、ごほうびを与えるたびに人間に対するイヌの見方が良くなり、飼い主とイヌの絆が深まるということがある。逆に、罰を繰り返すと飼い主に対するイヌの信頼と尊敬がしだいに損なわれ、イヌと飼い主の関係の根本のところが、知らず知らずのうちに蝕まれていく。

罰を与えすぎたり、極端な罰を与えたりしていると、イヌがその罰を、自分の間違った振る舞いではなく、飼い主と結びつけて考える危険性が必ず生じる。なぜなら、間違った行動をしても罰を受けないことがたびたびあるために、罰の対象が自分の行動であるはずがないと、多くのイヌは確信しているからだ。不快な結果は自分の行動が招いたものである

と学習せずに、飼い主の存在が招いたものであると学習するのである。したがってこのような飼い主がいないとき、見えないとき、手の届かないところにいるときには、イヌであることを満喫し、この上ない「分離快感」を味わうが、飼い主が近くにいるときには憂うつで抑圧された時間を過ごすようになる。

効果的に

　罰トレーニングで本当に効果を上げようと思ったら、イヌが間違った振る舞いをしたときに必ず一貫して罰を与える必要がある。しかしこれは、実験室ででもなければ現実的に不可能である。人間はコンピューターではないし、100パーセント一貫した行動をとることはできない。そのためイヌはすぐに、罰は、飼い主がその場にいることや、注意をこちらに向けていることに随伴すると学ぶ。そしていずれは、間違った振る舞いをしても罰せられない状況に気がつく。たとえば飼い主の留守中や、身体的にはその場にいても気持ちが留守になっているとき（夢想にふけっているときなど）、身体的にはその場にいても機能的に不在に等しいとき（イヌはリードにつながれておらず、飼い主の手の届かないところに離れていて身体的な矯正が不可能な状況など）である。トレーニングで罰に頼りすぎると、いずれ「留守中の問題」が起こったり、「ケンカ好きのイヌ」になったりする。

　いっぽう、正しい行動にごほうびを与えるときは、一貫しないことが、むしろ利点となる。トレーニングをする人間にとって、実に思いがけず幸運な状況である。ごほうびトレーニングと罰トレーニングの効果の違いは、この点にこそある。罰トレーニングでは、間違った行動を1つ見逃しただけで大きな問題になるが、ごほうびトレーニングでは、ときどき、ランダムにごほうびを与えるだけのほうが効果が高いのである。さらに、変動比率強化スケジュールを調整して分化強化スケジュールにしていけば、ごほうびトレーニングはきわめて強力な教育ツールとなる。

効率的に

　実践的な面から言うと、イヌが間違える間違え方は千差万別だが、正しい反応はたった1つである。教わる側の間違え方は実にさまざまである。とくに動物と子どもは、どのようなトレーニングであっても、恐ろしいほど多種多様な間違い方をする。罰トレーニングでは、間違った行動をひとつひとつそのつど罰していかなければならないため、無限に時間がかかり、実際にはトレーニングが不可能ということになる。実に、罰トレーニングは無効な仮説を有効だと証明しようとする終わりのない努力なのである。

　それに対して、最初からたった1つの正しい反応を教えるやり方は、ほとんど時間をとらない。イヌにどうしてもらいたいという考えがあるのなら、それを隠すことはない。イヌに教えてあげればよいのである。

第5章
健康管理

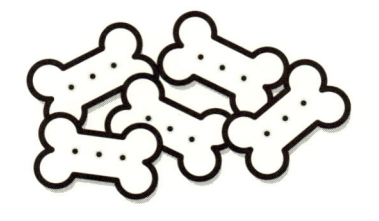

イヌの健康と長寿は何より大切である。病気で苦しんだり死んでしまったりすることに比べれば、問題行動も、気質やトレーニングの問題もたいしたことではない。
　ケガや病気の絶えないイヌもいれば、いつも元気なイヌもいる。早死にするイヌがいるいっぽうで、14歳、15歳になっても元気に出歩きたがるイヌもいる。
　これからイヌを飼おうという方に申し上げたい。飼い始めたら、多くの時間をそのイヌと遊び、トレーニングをして、一緒に過ごすことになる。友人のように親交を深め、共に暮らす時間を宝物のように思うようになる。そのイヌが逝ってしまったなら、大きな喪失感を味わう。だからまず、(1) できる限りの努力をして、16年、あるいはそれ以上も一緒に暮らせる可能性の高いイヌを選ぶこと。(2) そして、元気に生きているあいだ、イヌを大切にし、イヌとの暮らしを楽しむこと。
　飼おうとしている子イヌの父母や祖父母の寿命と健康状態は、いつでも必ず確認できるとは限らない。直接会ってみることもなく、子イヌを選んだり、比較的成長したイヌを引き取ったりするケースもある。しかし、ブリーダーからじかに子イヌを手に入れるときには、まず第一に必ず健康状態をチェックし、父母や祖父母の寿命を確認しよう。
　まず、その子イヌの血統のイヌたちが、晩年まで健康であったかどうかを確認する。飼おうとしている子イヌの親族、とくに父母、祖父母、曾祖父母に会わせてほしいと頼んでみよう。こうすることで、その血統のイヌがよく人になつくか、しつけができているか、健康かどうかも確認できる。病気のかかりやすさやケガのしやすさは遺伝することが多い。したがって、寿命も遺伝する。
　どんな血統であれ、潜在的な問題を見つけるために、ドッグショーに出るようなイヌをチェックするのは時間の無駄である。ご承知の通り、そういうイヌは特別である。そのイヌの兄弟たちの飼い主の名前と住所を教えてもらおう。できれば、10年以上前に生まれてペットとして引き

取られたイヌの追跡調査をするのがよい。

　覚えておいてほしいのだが、同じ血統のイヌの寿命を見ると、引き取ろうと考えている子イヌの気質、行動、トレーニングのしやすさ、健康について、簡単に目安がつけられる。悲しい別れの可能性をできるだけ小さくするため、子イヌは長寿の血統から選ぶようにしよう。

予防注射

　子イヌは、深刻な病気に対する免疫ができるまで、他のイヌと接触させてはならない。イヌの糞尿で汚れている可能性のある場所に頻繁に連れて行くのもよくない。イヌジステンパーは、感染したイヌのオシッコの臭いを嗅ぐだけでうつることがある。パルボウイルスなどもイヌの糞を介して感染する。また、これらのウイルスは非常に感染力が強く、酷暑や極寒の環境でも長期間生き延びることがある。

　幼い子イヌが免疫をつける過程では、少々問題が生じる。生まれたばかりの子イヌは、母親の初乳から受け取る抗体により、受動免疫と呼ばれる免疫を持っている。この母親由来の抗体のレベルは、通常生後6〜8週齢ごろから減少し始め、生後9〜12週齢になると受動免疫はなくなる。予防注射を早く打ちすぎると、この受動免疫が妨げになる可能性がある。母親由来の抗体が完全に消える時期ははっきりしないため、予防注射は、早めに生後6週齢から2〜4週間おきに最低3回行われる[*8]。この方法はできる限り早く免疫を活性化させるためのもので、けっして獣医師がよけいに儲けようとしているわけではない。適正な能動免疫が発達するのは、通常生後12週齢以降、つまり、2度目の注射をしてから2週間目以降である。このころには、母親由来の抗体は消えている。

[*8]　近年では、生後4週齢に接種しても受動免疫に妨げられないワクチンも開発されている。

したがって、母親由来の受動免疫が薄れ、自分自身の抗体による防御機能が適切に働き始めるまでの期間、子イヌは致命的な病気に非常にかかりやすい状態にある。そのため、生後6〜12週齢のあいだは、子イヌが、感染の可能性のあるイヌやその排泄物に接触することのないよう、細心の注意を払わなければならない。つまり、この期間は絶対に、歩道を歩かせたり、公共の場所に連れて行ったりしてはいけない。

生後3ヶ月齢よりずっと幼い子イヌのしつけ教室というのも、有益である可能性はあるが、危険を冒す価値はない。それまでは家庭でトレーニングできるし、家で定期的にパピーパーティーを開いて人と交流をさせればよい。この時期は、人との社会化を集中的に行うには絶好のタイミングなのである。しかし、他の子イヌや成犬との社会化、遊び、トレーニングは、早くとも生後3ヶ月齢に達して、深刻な病気に対する免疫が十分に発達するまで待つべきである。

栄養

ペットフードが一大産業となっている今日では、イヌに食事を与えるのは難しくない。ペットショップへ行けば、さまざまな素晴らしいペットフードが手に入る。市販のドッグフードを利用する最大の利点は、その手軽さにある――ごく簡単に、バランスのとれた食事を毎日与えることができる。

市販のドッグフードを使わずに、家で食事を用意するやり方もある。家族の食べ残しだけをイヌに与えるのは、一般に良いやり方ではない。自分たちの食事にすら健康的なものを支度できる人はほとんどいないため、その残りものを与えるのも健康的とは言えない。肝臓がフォアグラのように腫れ上がり、腎臓が小石のようになり、身体つきも膨れたトマトのようになったイヌがどれほどいることか。こうしたイヌは飼い主の

手で少しずつ毒を飲まさせているのである。食べ物の与えすぎ、とくに脂肪、たんぱく質、カルシウム、ナトリウムの与えすぎが問題である。

　家で用意した食べ物を与えるほうが、経済的だし健康だと主張する飼い主もいる。家で食べ物を用意すると、たしかに安上がりだが、支度に時間がかかる。また、一部の栄養に関しては、家庭料理のほうが質の悪い市販ドッグフードよりも優れているかもしれないが、栄養のバランスという点では、たいてい健康的ではない。栄養のバランスは、個々の栄養の質に劣らず重要である。炭水化物とたんぱく質と脂肪を、適正な比率で配合したドッグフードを作るプロセスは非常に複雑で、まして必須のミネラルや微量元素、ビタミン類まで考えることは難しい。高級ブランドのドッグフードほどにバランスの良い食事を作れる飼い主は、それほど多くはないだろう。ドライフードをまとめ買いしておき、ときおり残りものを混ぜるというやり方をお勧めしたい。与える残りものは、野菜をたくさん、炭水化物はほどほどに、そして赤身の肉をほんの少しでよい。

　多くの飼い主は、イヌに食べ物を与えすぎている。とくに中高齢犬にとって、肥満は健康に重大な悪影響を及ぼす。食べすぎの目安となるのは、太り具合と、便の硬さである。毎週定期的に体重を量り、また1日分のドッグフードも必ず量ってから与えるようにする（とくにドッグフードを複数の人間が与える場合は、この注意が大切である。与えすぎを避けるために、1日分を密閉容器に取り分けておくとよい）。イヌが太りすぎているように見えたら、1日に与える量を減らすか、もっと運動をさせる（両方してもよい）。痩せすぎているようなら、1日の食事量を増やす。

　健康な便は濃い茶色で、小さな湿ったプレスト・ロッグ（着火用の圧縮木材）のような状態である。食べすぎや、乳製品を取ると便がゆるくなり、場合によっては下痢をする。このときは食事を減らすか、ドッグフードを少し減らしてごはんを与える（両方してもよい）。便秘やカチカチの便は、骨や脂肪や肉製品の食べすぎである。

子イヌが幼いうちは、少ない量を頻繁に食べる必要がある。ふつうは1日3回である。生後4ヶ月齢になったら1日2回でよく、生後6ヶ月齢以降はそのまま朝晩2回与えるか、1回に減らしてもよい。疑問があったら、かかりつけの獣医師やペットショップの店主に尋ねてみよう。彼らはその専門家なのだから。

グルーミングと身体検査

　ここでいう「グルーミング」とは、きれいにお風呂に入れて、かわいらしく毛をセットし、クリスマスツリーのように着飾ることを指しているのではない。むしろ、定期的にしっかりとブラッシングして、やさしくクシを入れることを言う。グルーミングの第一の目的は、イヌの皮膚と被毛をきれいに健康に保ち、皮膚に活力を与えることにある。毛をカットしたりリボンを付けたりしてはいけないと言うのではない。しかし、美容的なことはグルーミングの二次的な理由に過ぎない。獣医師の世話になるかなりのイヌが皮膚病だということは、覚えておいていただきたい。だからこそ、イヌの被毛は健康に保つ必要がある。

　しっかりとブラッシングすることでイヌの皮膚をマッサージし、血のめぐりをよくする。また、通称「ホットスポット」と呼ばれる湿潤性湿疹のような、皮膚の感染症や炎症ができにくくなる。さらに、定期的にクシを入れるのは、ノミ対策としても最良の方法である。目の細かい金属のノミ取りコームを使うと、ノミのエサになるフケや、死んで乾いた皮膚片、古い毛を除去できるばかりでなく、ノミそのものも取り除ける。捕まえたノミは、石けん水に漬けると溺れ死ぬ。ははっ、いい気味だ！

　グルーミングの機会に、ノミ以外の寄生虫（ダニなど）や植物の種（トゲ状に尖って乾いた草の種）が付いていないか、切り傷や打ち身、腫れがないかをチェックする。子イヌは少なくとも1日1回、検査の時間

を作るべきである。また、イヌが外出から戻ったら、そのつどザッと調べてみることをお勧めしたい。必ず口、目、耳、鼻を覗き込み、お尻も調べる。草の種が皮膚に入り込まないうちにザッとグルーミングするだけでも、動物病院に支払うお金はかなり節約できる。

　歯や耳が汚れていないか、爪が伸びすぎていないかも見る。歯は、定期的に湿った布でやさしくこすって磨く。歯肉の縁をきれいに、健康に保つことが大切である。そうしていないと黄色っぽく柔らかい汚れが固まって硬い歯石になり、この歯石を除去しなければ歯周病や口臭の原因となる。噛むオモチャをたくさん与えるとよい。私個人の好みは、ロングボーンとゴム製のコングだ。耳が汚れていたら、温かく湿った布で掃除をする。耳が長く垂れた長毛種では、耳の内側の毛をトリミングして空気の通りを良くし、感染を防ぐ。感染した耳の臭さほど嫌なものはない。爪が伸びすぎたら切り、以後は運動を増やすようにする。

　定期的に子イヌの身体を調べると、健康上の利点があることはもちろん、頻繁にハンドリングやジェントリングをするため、子イヌが触られることに慣れ、以後のハンドリングも容易になる。飼い主の側もハンドリングに自信をつけ、コツを飲み込める。身体を調べているあいだ、子イヌにはトリーツをたくさん与えるとよい。子イヌには最初から、家族や友人に身体を調べられるのはこの上なく楽しいことだと考えさせるのである。そうしておけば、診察を受けるときに、獣医師は楽になり、お金もかからず、イヌ自身も負担が少ない。獣医師は、病気やケガをしたイヌを助けようとしているだけなのに、診察がイヌにさらなるストレスとなっているのを見るほどつらいことはない。ご自分のイヌのためである。診察を受けて困らない準備をしておこう。

ノミ対策

　ノミのいない高地に住んでいるのでない限り、イヌの飼い主はかなりの時間とお金を注ぎ込んでノミと戦わなければならない。イヌの暮らす環境、つまりご自宅のノミ対策を何もしていなければ、イヌのノミ退治に無駄に費やす時間とお金は、さらに膨大なものになる。都会でも田舎でも、超強力な殺虫剤に耐性を持つノミが多くなっている。しかもこうした殺虫剤の多くは、強力すぎて幼い子イヌやネコには使えないのである。また、妊婦や子どもがいる家庭でも強力殺虫剤は使えない。

　ノミはイヌの身体に棲んでいる期間よりも、他の場所で生きている期間のほうが長い生物である。成長したノミだけがイヌの身体に棲みつく。とはいえ、成長したノミならば、まったくエサのない環境でも4ヶ月以上生き延びることができる。こうして、イヌの身体のノミを根こそぎにしたと思ったとたんに、それ以上のノミが飛びついてくるのである。メスのノミは、数日エサを食べていると何百という卵を産む。この卵が、イヌが身体を掻いたり揺すったりするたびに、家や庭中に飛び散って、物陰や隙間に入り込む。数週間もしないうちに、卵からかえった赤ちゃんノミは成熟し、早く生まれ故郷で待つ母親のもとへ帰ろうと、イヌの暖かい毛のあいだへ潜り込むことになる。

　ノミ対策を成功させるには、イヌの暮らす環境のノミ駆除を定期的に行うこと、またイヌの身体のノミ駆除も定期的に行うことである。繰り返すが、決まったタイミングでブラッシングをするのが最善の方法となる。部屋からノミの卵やさなぎや成虫を駆除するには、日を決めて、徹底的に掃除機をかけるのがいちばんよい。掃除が済んだら掃除機にノミ取りパウダーを吸わせて紙パックのなかのノミを駆除する。紙パックのなかには、イヌのフケや死んで乾いた皮膚片などがつまっているため、若いノミにとっては豪華なバイキングレストランのようなもので、ほん

の数日で、元気いっぱいの若いノミたちが、飛び跳ねながらホースを伝って出てきて、素敵な暖かい毛皮のわが家、つまりイヌの身体を探し始めるのである。

　庭のなかでイヌがお気に入りの休憩場所にも、忘れずにノミ取りパウダーやノミ取りスプレーをかけておく。とくに裏口のすぐ近くには注意が必要だ。家に入るときには、そのつどノミ駆除をする必要がある。散歩から戻ったら、毎回決まった手順でグルーミングをする。裏庭があるなら、ドアの横にマットを用意しておき、家に入る前にそのマットの上でフセをするようしつけて、マットには定期的にノミ取りスプレーやノミ取りパウダーをかけるようにする。こうすればイヌは家に入るたびに自分でノミ駆除をすることになる。週に1回はマットに掃除機をかけるか洗濯をする（両方してもよい）。終わったらあらためてノミよけスプレーをかけておく。

　ノミ対策は大切である。イヌがノミを口にすると、それが媒介となってさまざまな条虫がお腹に寄生する。ノミが見つかったら、おそらく虫下しも必要になる。また、ノミの寄生から貧血や、皮膚のさまざまな感染症や炎症につながることもある。「ホットスポット」やアレルギー性皮膚炎などである。さらに、ノミによっては人間を咬むものもある。

去勢と不妊処置

　雄の去勢（精巣の除去）、雌の不妊手術（卵巣と子宮の除去）により、イヌは子どもを作れなくなる。こうすることにより、すでに膨れ上がっているペットの数をさらに増やさずにすむ。繁殖を考えているのでない限り、今すぐにイヌに不妊処置を施していただきたい。今でもイヌの数は多すぎる。地域の保護施設や動物愛護協会を訪ねて実態を一目見れば分かる。米国の動物愛護協会だけで、年に約1000万頭のイヌが安楽死さ

せられている。これはイヌ全体の20パーセントにあたり、3.2秒に1頭が殺されているのである！　そのイヌは何の罪を犯したのか。ただ、生まれてきただけではないか。

　「子イヌ工場」での無責任な繁殖が、このようなかわいそうな子イヌを大量に生むことになる、という誤解をよく耳にする。そうではない。大半の子イヌは、うちのイヌにも「1回だけ」子どもを持たせてあげようと考える飼い主によって生まれてくるのである。この「1回だけ」が集まって、途方もない数になる。あまりにも数が大きすぎて問題の重大さを把握するのも難しいが、参考として数字を上げるなら、あなたがこの段落を読んでいるあいだに、15頭以上のイヌが死に追いやられているのだ。どうか不妊処置をしていただきたい。

　それでも是非生ませたいと思うなら、そうする前にちょっと考えて欲しい。1腹の子イヌを育てるだけでも、たいへんな費用と時間がかかる大仕事である。きちんとしたブリーダーに聞いてもらえれば分かるはずだが、たっぷり2ヶ月間は、生活も睡眠もメチャクチャになる。雄イヌに交尾の「興奮」を体験させる前に、雌イヌに出産の「喜び」を体験させる前に、その組み合わせの結果──子イヌたち──が本当に幸せな生活を送れるようにする自信があるのか、考えておく必要がある。

　それでも迷っている方は、動物愛護協会に行き、たった1頭でいいので、健康な幼い子イヌを安楽死させるボランティアを体験していただきたい。その瞬間に真実が見えてくるはずである。あなたの腕のなかで幸せそうにもがき、甘えて手をなめていた子イヌが、3秒後にはグッタリと動かなくなり、身体が奇妙に重く感じられ……そしてもう死んでいるのだ。どうか不妊処置をしてください。

雌の不妊手術

　不妊手術が雌イヌの心理と行動に及ぼす影響については、かなりの誤解がある。不妊手術で性格が極端に変わり、また太って醜くなるという

第 5 章 ●●● 健康管理

人もいる。しかし、不妊手術が雌イヌの性格に悪影響を及ぼすことはまったくない。むしろ、気紛れさがなくなり、落ちつきができ、従順になる——つまりペットとして好ましい性格になる。性ホルモンが摂食を抑制し、運動量を増やすことはたしかで、不妊手術はその卵巣ホルモンのもとを取り去るため、手術を受けたイヌが少々食欲が高まり、運動量が減ることはあるかもしれない。しかし、これについては、少したくさん運動させ、少し食事を減らすだけですむことである。

　雌イヌに子どもを産ませる予定がないのであれば、できるだけ早く不妊手術を受けさせよう。そうすればあとで、やっかいでお金のかかる出

去勢したイヌはジャンプがうまくなり、より高く跳べるようになる。

産の問題に悩まされずにすむ。卵巣と子宮を持っているイヌは、年齢と共に子宮蓄膿症(ちくのう)のリスクが高まる。高齢になってから、お金をかけて命の危険を伴う緊急手術をするよりは、健康な今のうちに簡単に行える卵巣子宮切除をしておいたほうがずっと安全だし、お金もかからない。

雄の去勢

　雄イヌの去勢に関しては、人によって実にさまざまなこだわりがある。心理学者なら、飼い主のイヌに対する自己投映や、固定観念を研究して、おおいに楽しめるに違いない。去勢をしてもイヌが無気力になることはない。むしろ、気が散らないようになるため、飼い主に注意を向けて、要求に喜んで応えようとするようになる。目立った性格の変化はない。けっして弱虫にはならない。

　イヌは、行動内分泌学的に見て非常に特殊な動物である。大半の哺乳類では去勢をすると第二次性徴が消失するようだが、イヌの行動の雄性的特徴は、どうやら性ホルモンのレベルとは無関係のようである。雄のイヌがオシッコのときに片脚を上げたり、雌イヌのおしりを嗅いでマウンティングしたり、雌イヌより攻撃的だったりするのは、すべて胎児のテストステロンによりあらかじめプログラミングされている。成犬になってから去勢をしても、オシッコの姿勢や性的志向や階級順位に直接的な影響はまったくない。

　いっぽう去勢によって行動が良くなる点は数多くある。あまりうろつかなくなるし、家のなかや庭で独りで留守番をするときも欲求不満にならず、破壊的な行動に走ったり、逃げ出そうとしたりすることも少なくなる。相変わらず雄らしく片脚を上げてマーキングもするが、回数は減る。

　いちばん重要なのは、去勢した雄イヌは、精巣を残している雄イヌとケンカをする回数が激減するということである。仲の悪いイヌというのは必ずいるし、たいていのイヌはケンカをするものだが、イヌのケンカの9割以上は、去勢していないイヌ同士のケンカなのである。

奇妙なことだが、去勢したからといってケンカをする気がなくなるわけではない。また他のイヌに対して社会的な立場が弱くなるわけでもない。去勢をすると、他のイヌがケンカ相手としてそのイヌを選ぼうとしなくなるのである。「雄らしい臭い」はテストステロンの作用によるものだが、去勢はそのもとを除去する。つまり、去勢されたイヌは他の雄イヌから見てさほどの脅威ではなくなり、結果として、他の雄イヌが攻撃的、戦闘的に向かってくることが少なくなる。言ってみれば、去勢したイヌは他のイヌの気にさわらなくなるのである。

　また、こうして周りのイヌの緊張がほぐれると、そのイヌ自身も緊張がほぐれ、結局飼い主にとってもコントロールしやすくなるのである。

読んでくれてありがとう。バイバイ。さて、行かなくっちゃ……

推薦図書

Train Your Dog The Lazy Way. *Andrea Arden.*
―New York: Macmillan 1998.―

Owner's Guide To Better Behavior In Dogs. *William Cambell.*
―Loveland CO: Alpine Publications, Inc. 1989―

The Culture Clash. *Jean Donaldson.*
―Oakland CA: James & Kenneth Publishers, 1996―

『ザ・カルチャークラッシュ』　ジーン・ドナルドソン著
―レッドハート（株）2004―

Doctor Dunbar's Good Little Dog Book. *Ian Dunbar*
―Oakland CA: James & Kenneth Publishers, 1992―

Behavior Booklets: Preventing Aggression; Housetraining; Chewing; Digging; Barking; Socialization; Fighting; Fearfulness. *Ian Dunbar & Gwen Bohnenkamp*
―Oakland CA: James & Kenneth Publishers, 1985―

『ダンバー博士のイヌの行動問題としつけ』　イアン・ダンバー著
―レッドハート（株）2003―

Don't Shoot the Dog ! *Karen Pryor*
―North Bend: Sunshine Books 1984―

『うまくやるための強化の原理 - 飼いネコから配偶者まで』　カレン・プライア著
―二瓶社　1998―

Excel-Erated Learning ! *Pamela Reid.*
―Oakland CA: James & Kenneth Publishers, 1996―

『エクセレレーティッド・ラーニング』　パメラ・リード著
―レッドハート（株）2007―

How to Raise A Puppy You Can Live With. *Clarice Rutherford & David Neil.*
―Loveland CO: Alpine Publications, 1982―

Help ! This Animal is Driving Me Crazy ! *Daniel Tortora.*
―Fireside, New York 1977―

推薦ビデオ

Sirius Puppy Training. *Ian Dunbar.*
—*Oakland CA: James & Kenneth Publishers, 1987*—

Dog Training for Children. *Ian Dunbar.*
—*Oakland CA: James & Kenneth Publishers, 1996*—

『ダンバー博士の子どもは名ドッグトレーナー』　　イアン・ダンバー
—レッドハート（株）2004—

Training Dogs With Dunbar : Fun Training For You And Your Dog.
Ian Dunbar.
—*Oakland CA: James & Kenneth Publishers, 1996*—

『ダンバー博士の"ほめる"ドッグトレーニング』　　イアン・ダンバー
—レッドハート（株）2003—

Training The Companion Dog　*Ian Dunbar. (Set of 4 videos)*
—*Oakland CA: James & Kenneth Publishers, 1992*—

索引

あ

遊び	21,52,65,170,171,172
遊びのオジギ	187
甘咬み	46,49,50,51,52
一連動作	112,117,149,150,157
イヌジステンパー	223
ウシロ	184
エドワード・リー・ソーンダイク	196,197,201
オイデ	138,143,171
オスワリ	27,95,98,100,107,109,130,143,167,175
オスワリ・マテ	94,127,131
落ちついて	28,30,124
オビーディエンス	28,178,180
オビーディエンス競技会	142,207
オビーディエンス・トレーニング	13,25,103
オフ	49,56,120,121
オペラント条件付け	196

か

回避行動	37
回避トレーニング	73,210,211
咬みつき遊び	46,52,65
咬みつき刺激	39
咬みつきの抑制	46
咬みつく	21,41,46
噛む	82
噛むオモチャ	77,82
空咬み	21,43
気質トレーニング	20,28
気質問題	20,163
拮抗条件付け	94
強化スケジュール	213
去勢	229,232
グルーミング	226
クレート・トレーニング	76
芸	178
系統的脱感作	42,45
嫌悪条件付け	73,211
ケンカ	19,232
ケンカ遊び	50,65
攻撃性	19,21
咬傷事故	39
行動修正	20,23,28
固定時隔（FI）	212
固定比率（FR）	212,216
古典的条件付け	196
ごほうび	202,208,216
ごほうびトレーニング	74,119,219
コマンド	26,90,115,120,142,175
怖がる	19
コング	82,84
コントロール・コマンド	149,163,175

さ

シィー	30,90,205
ジェントリング	44,54,227
叱責	203,205
指導的叱責	81,85,88,100,132,154,171
社会化	17,20,29,42,52,57,65
社会化不足	43
若年期	17,43,50,65,139
受動免疫	223
シリウス・トレーニング・プログラム	13
シリウス（SIRIUS）・パピークラス	15
シリウス・パピートレーニング	14
身体的プロンプト	144,160,199,200
スキナー	196
生活のなかのごほうび	27,119,173,202

た

タイムアウト	48,126,171
脱感作	22,40,43
タテ	107,110
タテ - マテ	45
短時間用の居場所	76,77
長時間用の居場所	75,77,82,84
チンチン	183
ツイテコイ	135,160
ツケ	142,147,149,152,159,162
テストステロン	232
飛びつく	93
取れ	49,56,120,188

な

二択フィードバック	201
ノミ対策	226,228

は

排泄	25
排泄のしつけ	69,75
ハグ！	97,184
罰	208,216
罰トレーニング	210,219
パピーパーティー	29,43,57,65
パブロフ	72
バン	63,182
ハンドシグナル	116,144,147,158,161,199
ハンドシャイ	34,44,81,133,209
ハンドリング	42,44,54,227
フィードバック	46,51,53,129,201,206
フセ	93,107,110,141,167,175
フセ - マテ	119,127,184
不妊手術	229

索引

負の強化	73
分化強化（DR）	212,216
分化強化スケジュール	208
分離快感	71,219
〜へ行け	125,189,191
変動時隔（VI）	212
変動比率（VR）	212,219
吠える	89,199,205
吠えろ	90
ホットスポット	226,229
ほふく前進	184
掘る	87

ま

マーキング	232
マエ	184
マテ	118,127
マワレ	187
モッテコイ	187
問題行動	19,23,95,170

や

幼犬期	19,40,61,65
予防注射	58,65,223

ら

リード	
	13,16,28,57,65,134,155,162,200
リードを引っ張る	31,154,158
リコール	138,146,165,170,190
ルアー	107,147,151,181,187,199
ルアー・ごほうびトレーニング	
	25,60,95,114,199,200
レトリーブ	187,189
連続強化（CR）	212,214
連続強化スケジュール	212,215
ロールオーバー	63,182

BOOK

ダンバー博士の子イヌを飼うまえに　　　　　イアン・ダンバー著

子イヌの選び方や、子イヌが家に来た日から始めるべきトレーニングなど、子イヌを家に迎え入れる前に、ぜひ知っていただきたいこと、準備しておいて欲しいことを分かりやすく解説しています。イヌの成長は非常に早く、大切な時期はあっという間に過ぎてしまいます。イヌと幸せに暮らすためには、子イヌが家に来る前に、飼い主さん自身がイヌについての勉強を終わらせていることが大切なのです。

A5判並製　170頁　定価：本体1,500円＋税

ダンバー博士の子イヌを飼ったあとに　　　　　イアン・ダンバー著

子イヌが家にやって来た！　さぁ、どうしますか？　あなたが子イヌとの良い関係を築けるかどうかは、子イヌの時期に家庭でのルールを正しく教えられるかどうかにかかっています。本書は、家の中での過ごし方・人への社会化・咬みつきの抑制・社会化の継続といった、子イヌが生後5ヶ月齢になるまでに教えなければいけないトレーニングを、月齢ごとに分かりやすく解説しています。本書に沿ってトレーニングを行なえば、あなたのイヌは、マナーが良く、色々な場所に連れて行ける、かけがえのないパートナーになるでしょう。

A5判並製　266頁　定価：本体1,800円＋税

ダンバー博士のイヌの行動問題としつけ　　　　　イアン・ダンバー著

本書は、イヌのしつけのうち、とくに怖がり・排泄問題・咬みつき・ものをかじる・ほえる・ケンカするなど、どのイヌにも一般的に起こりうる生得的な行動問題をどのように修正または予防したらよいかについて、具体的かつ分かりやすく解説した本です。

これらの行動が人にとって好ましくないからといって、むやみに罰して止めさせようとするのではなく、イヌの行動の本質をふまえ、イヌにもフェアで人にも納得できるようなルールでイヌに教え、気質を改善し必要なはけ口を与え、愉快で楽しく平和的に共存していくための、まったく新しい考え方やイヌへの教え方にあふれています。

A5判上製　340頁　定価：本体 3,500 円＋税

ザ・カルチャークラッシュ　　　　　ジーン・ドナルドソン著

『ザ・カルチャークラッシュ』は、ハリウッド映画が作り出した名犬のイメージを一掃し、イヌをイヌとしてありのままに描いています。「これ食べてもいい？　これ噛んでもいい？　ここでおしっこしてもいい？」というイヌ流の考え方を明らかにしています。この本に一貫して流れているのは、ジーンのイヌへの尽きぬ愛とイヌの気持ちに対する深い洞察です。イヌの視点からしつけを問うことに関しては、ジーンの横に並ぶ者はいません。常にイヌのしつけのあり方を問い、イヌの幸せを論じています。

A5判上製　344頁　定価：本体 3,700 円＋税

DVD

イアン・ダンバー 『ダンバー博士のトレーニングは今日から』

犬という動物をありのままで受け止め、そして、私たち人間の世界でうまく暮らせるように、犬も人にもフェアで楽しいトレーニング方法を世界中で推奨してきた、ダンバー博士による犬学レクチャー。「犬」との絆が生まれたとき、人間関係で一番大切なこと、相手を理解しようというやさしい気持ちが生まれていることに気づくでしょう。

30分　定価：本体 1,980 円＋税

1．ダンバー博士の世界へようこそ
2．自分にピッタリの犬を選ぶ
3．人間社会に慣らす
4．怒るとなぜうまくいかないのか？
5．誰も知らないお散歩のコツ
6．トレーニングは簡単
7．犬から見た世界

イアン・ダンバー 『ダンバー博士のはじめての子犬教習』

毎日ふつうに行っていることを、無理なく楽しいトレーニングに変えてしまうコツを教えてくれます。食事、散歩、ボール投げ、子犬とのすべての時間は、トレーニングゲームです。トイレのしつけは、シチュエーションに合わせて必要なトイレセットの作り方から、子犬に失敗させない教え方を、分かりやすい映像で解説しています。※このDVDは本書「子イヌを飼ったあとに」（イアン・ダンバー著）に対応しています。

30分　定価：本体 1,980 円＋税

1．子犬の社会化
2．トイレのしつけ＆留守番の練習
3．咬む力の加減を教える
4．散歩中のトレーニング
5．物に執着させない
6．犬との信頼関係が生まれる
7．ミュージカルチェア
8．エンディング

『K9ゲーム』で愛犬と楽しくトレーニング！

イアン・ダンバー博士が考案したK9ゲームは、イヌが人間と暮らしていく上で必要な資質やマナーを学ぶため、ドッグトレーニングを9種類のゲームにしたものです。愛犬のレベルにあわせた3巻のハウツーDVDで、楽しいトレーニングを始めましょう！

K9ゲームで楽しく愛犬トレーニング！ ベーシック編 DVD

「オスワリ」、「マテ」、「ツケ」、「静かに」など、イヌが人間と生活していく中で必要な資質や基本的なしつけを、K9ゲームを通して楽しく身につけていくためのハウツーDVD。

◆ミュージカルチェア　◆ドギーダッシュ
◆リコールリレー　◆ワンワンリレー　等

DVD　60分　定価：本体3,600円＋税

K9ゲームで楽しく愛犬トレーニング！ ジョイ編 DVD

「キャッチ」、「レトリーブ」、「待て・離せ」など、ベーシック編から少しレベルアップした要素を、イヌが遊びの中で身につけられるように解説したハウツーDVD。

◆ディスタンスキャッチ　◆トイ・レトリーブ
◆テイク＆ドロップ　等

DVD　60分　定価：本体3,600円＋税

K9ゲームで楽しく愛犬トレーニング！ ワルツ編 DVD

「8の字股くぐり」、「ロールオーバー」、「スピン」などたくさんのトリックを通して、楽しくトレーニングに取り組み、愛犬とのコミュニケーションを最高のものにするためのハウツーDVD。

◆イヌとワルツ　◆ジョーパップリレー　等

DVD　60分　定価：本体3,600円＋税

商品のお問い合わせ先	レッドハート株式会社　　　　　　　　　　お客様相談室　☎ 0120-700-116
	URL：https://www.redheart.co.jp/　　　　土日祝日を除く平日（月〜金 9：30〜17：00）

プロフィール

【著者】　イアン・ダンバー博士

獣医師、動物行動学者、ドッグトレーナーであり、家庭犬のしつけについて、多くの書籍・DVDを上梓しています。ダンバー博士は、世界ではじめて、オフリードでパピートレーニングを教える「シリウス®パピートレーニング」を開校し、1993年APDT（ペットドッグトレーナーズ協会）を創設しました。英国で収録された人気TV番組『Dogs with Dunbar』は世界各国で放映されており、過去40年間で1000回を超えるセミナーが世界各地で開催されています。日本はダンバー博士が一番好きな国です。

現在、カリフォルニア州バークレーにて、応用動物行動センターのディレクターを務め、犬（ボースロン）の"ズッズゥ"と猫の"アグリー""メイヘム"と暮らしています。

【監修】　辻村　愛

シリウス・ドッグトレーニング（兵庫県尼崎市）　主任ドッグトレーナー www.siriusdog.jp

麻布大学獣医学研究科博士課程修了（学術博士）、CPDT-KA（米国ペットドッグトレーナー認定資格）取得

The San Francisco SPCAにてジーン・ドナルドソン主宰 Academy for Dog Trainers CTC program 修了後、カリフォルニア州バークレー、ダンバー博士のもとで、SIRIUS® Puppy Training を学ぶ。

【訳者】　橋根理恵

関西学院大学法学部卒

レッドハート株式会社　取締役　情報企画室室長

訳書

『イヌの行動問題としつけ』『子イヌを飼うまえに』『子イヌを飼ったあとに』
『イヌのしつけがうまくいくちょっとした本』イアン・ダンバー著
『ザ・カルチャークラッシュ』ジーン・ドナルドソン著
『エクセレレーティッド・ラーニング』パメラ・J・リード著

松尾千彰

関西学院大学文学部卒

訳書

『エクセレレーティッド・ラーニング』パメラ・J・リード著

西村麻実

上智大学比較文学部卒

ドッグトレーニングバイブル
How To Teach A New Dog Old Tricks

発行日	2007年10月2日
3 刷	2022年3月1日

（著　者）　イアン・ダンバー
（監修者）　辻村　愛
（訳　者）　橋根理恵／松尾千彰／西村麻実
（発行者）　前田浩志
（発行所）　レッドハート株式会社
　　　　　　〒650-0012　兵庫県神戸市中央区北長狭道
　　　　　　　　　　　　4丁目4番18号富士信ビル4F

（編集・制作）　株式会社キャデック
（印刷所）　　　株式会社平河工業社

本書は無断転載を禁じます。
レビューに使用されている短い引用文を除き、書面による
出版社の許可なく本書を複製することを禁じます。

©2007 printed in Japan
ISBN 978-4-902017-12-0 C0045